全彩图解 儿童
感觉统合与功能性
训练游戏

潘莹/著

人民邮电出版社

北京

图书在版编目（CIP）数据

全彩图解儿童感觉统合与功能性训练游戏 / 潘莹著
. -- 北京：人民邮电出版社，2023.7
ISBN 978-7-115-61525-1

Ⅰ．①全… Ⅱ．①潘… Ⅲ．①儿童－感觉统合失调－
训练－图解 Ⅳ．①B844.12-64

中国国家版本馆CIP数据核字(2023)第057423号

内 容 提 要

　　3~12 岁是孩子感知、注意、理解、协调、运动、情绪控制等各单项能力及感觉统合能力
快速发展的黄金时期。很多孩子的大脑或身体器官在生长过程中发育得不够平衡，会出现动
作不协调、注意力不集中、交往沟通能力不足、情绪控制能力较低等能力发展落后于同龄孩
子平均水平的现象，影响孩子的学习与生活。这些现象通过专业的功能性训练都可以得到有
效纠正。这类专业训练，在孩子们小时候，都是以游戏的方式进行的，被称为"功能性训练
游戏"。

　　本书系统讲述了孩子们身体发育与各项能力发展的规律，剖析了发育发展滞后的外在表
现，有针对性地提供了一系列经过多年实践验证、在教师群体中口耳相传的亲子互动式功能
性训练游戏。

　　本书针对 3~12 岁孩子，旨在帮助孩子全面提升四肢协调、听觉能力、视觉能力、注意力
与记忆力、语言表达、情绪管理六大核心能力，为父母提供科学有效的指导与建议。

- ◆ 著　　　　　潘　莹
　　责任编辑　王朝辉
　　责任印制　陈　犇
- ◆ 人民邮电出版社出版发行　　　北京市丰台区成寿寺路 11 号
　　邮编 100164　　电子邮件　315@ptpress.com.cn
　　网址 https://www.ptpress.com.cn
　　雅迪云印（天津）科技有限公司印刷
- ◆ 开本：720×960 1/16
　　印张：16　　　　　　　　　2023 年 7 月第 1 版
　　字数：215 千字　　　　　　 2025 年 6 月天津第 18 次印刷

定价：69.80元

读者服务热线：(010)81055410 印装质量热线：(010)81055316
反盗版热线：(010)81055315

提示

　　使用本书前，如您有任何疑惑，请咨询儿童发育专科医生。

　　如您的孩子已诊断出器质性病变或某项能力经专业测试被判断为"障碍"程度，务必不要擅自使用本书，请寻求专业帮助。

● 本书的功能性训练游戏不能替代康复训练，本书只适合有轻微发育滞后情况的3~12岁儿童。

● 请遵从本书指导建议，先判断孩子情况，再进行科学有效的训练。

前言
f o r e w o r d

孩子学习困难、好动分心、
四肢不协调，可能是感统失调

2020年是个不平凡的年份。我和所有的爸爸妈妈、老师、孩子一起，经历了史上最漫长的一个寒假。

原定开学的日子里，我收到了在家给孩子们上网课的通知，还有老友杨小咪打来的电话。她说："你也别闲着，想想可以给被困在家里的孩子做点啥吧？"我的脑海里像过电影一样，瞬间闪回了一张张孩子的脸。这些孩子有的已经成人，有的才刚刚入学，却无一例外，都曾经是或现在就是需要被老师特殊关注的对象。

在近30年的教师生涯中，我会把出现明显学习障碍、身体或精神发育异常，或是行为上有特殊困难的孩子作为需要重点特殊关注的对象，把某个单项能力（运动能力、注意力、记忆力、自制力、语言表达能力、情绪管理能力等）发展低于同龄人平均水准的孩子作为一般特殊关注的对象。以我自己在求学和工作中接触过的近3000个孩子为例，几十年来，这些需要特殊关注的孩子在所有孩子当中的占比大致有如下变化。

	需要重点特殊关注的孩子比例	需要一般特殊关注的孩子比例
多子女年代	<1%	1%~2%
第一代独生子女年代	1%~2%	8%~15%
第二代独生子女年代	2%~3%	20%~40%

我们会看到，孩子们的单项能力发展差异在这些年中急剧增大。之所以出现这样的变化，与社会快速发展、孩子们能够得到的信息数量和质量迅猛提升有关，更和孩子们的成长环境、爸爸妈妈们的教育方式差异逐年增大有关。

自从独生子女政策施行以来，每家只能生育一个孩子。孩子通常能够收获全家人的爱与关注，却也失去了在家庭竞争与比较中学习成长的机会。爸爸妈妈在育儿过程中，少了很多有参考价值的经验和纠错机会，却多了血泪教训。无论是第一次做父母，还是第一次做孩子，都只能摸索着，磕磕碰碰地前进。在这样的跌跌撞撞中，孩子带着各种问题一天一天长大了。上学以后，孩子从在家里的个体生活状态进入集体生活状态。很多在个体生活状态中不容易被发现的问题在集体生活状态中逐渐显现出来，让爸爸妈妈也日渐焦虑。

在对人类大脑的研究不够发达的年代，面对这些需要特殊关注的孩子，老师和家长只能从环境、教育方式等外部因素去寻找原因，再针对孩子的具体表现进行教育，效果并不是特别好。

近年来，随着科技的发展，全球的教育科研水平也在不断提升。美国南加州大学临床心理学专家艾尔斯博士（Anna Jean Ayres）尝试依托关于脑神经的研究成果从孩子们自身的内在环境中寻找原因，有了新的发现，创建了感觉统合理论（Sensory Integration Theory）——"感统"理论。

感觉统合是指将从人体各个器官输入的感觉信息组合起来，由大脑进行统合，再完成对身体内外的知觉，并做出相应的反应。这是每个孩子在成长过程

中必需的学习过程。人的很多高层次能力，如语言、注意、认知等都要依赖多种感觉的统合。只有经过感觉统合，神经系统的各个部分才能协调作用，使个体与环境顺利完成接触。没有感觉统合，大脑和身体就不能协调发展。

"感觉统合失调"简称"感统失调"，也有人称其为"学习能力障碍"。通俗一点来说，就是孩子的大脑或者其他器官在生长过程中发育得不够平衡，出现了某个方面暂时滞后或者轻微障碍，从而导致整体的协调也出现了障碍。这些孩子智力正常甚至优异，但在儿童时期却未能表现得足够优秀，行为习惯也和其他孩子有差异。例如画家达·芬奇、发明家爱迪生、科学家爱因斯坦等名人，他们在儿童时期都被认为是成绩极差的"笨孩子"，最后才发现是因为他们在儿童时期感统失调。

在我任教的学校里，除了身体器官有病变的孩子以外，其余需要老师特殊关注的，例如运动协调能力、注意力、记忆力、自制力等单项能力发展低于平均水平的孩子有很多都是感统失调。感统失调并不是一种真正意义上的病症，在孩子12岁之前，通过专项训练都可以得到有效的纠正，但是超过12岁才进行训练，纠正起来就比较困难了。科学的专业训练介入得越早，纠正效果就越好。这类专业训练，在孩子小时候都是以游戏的方式进行的，我们习惯称之为"功能性训练游戏"。

除了感统失调，语言表达能力和情绪管理能力比较差的孩子也可以通过对应的功能性训练游戏进行训练。在学校里，我会针对孩子表现出来的动作不协调、注意力不集中、交往沟通能力不足、情绪管理能力较差等现象，根据每个孩子的具体情况，教给爸爸妈妈们一些可以在家里进行的功能性训练游戏，制订出适合孩子的游戏计划，方便他们在家里对孩子进行专项训练。还会根据孩子在学校里的变化，帮助爸爸妈妈们及时做出调整。

这些功能性训练游戏科学有效，针对性强，操作简单又有趣，很适合爸爸妈妈在家里带着孩子一起玩。只要能够每天都坚持玩一玩，通常经过2~3年的训练，85%以上的孩子能得到改善，60%以上的孩子能得到明显改善。

在我近30年的教育工作中，这些功能性训练游戏在教师群体中口耳相传，积累了许多案例。我们会分析孩子的问题，会进行游戏选择，会指导家长，却忽略了进行更大范围的宣传，让更多有需要的爸爸妈妈借鉴参考。杨小咪说，好的经验需要总结出来，才能帮助到更多的人。这个超长的寒假是个契机，让我可以从忙碌的教学工作中暂时停下来，把自己的教育经验做一次梳理。整理思绪的过程较为漫长，被编辑兰兰盯着要一章一章按时交稿的过程也让我痛并快乐着。完稿的那一刻，我终于轻松了。

谢谢所有陪伴我，带给我这些经验的同行和孩子们，谢谢张彦豪教练对各种体能训练类游戏进行的分享与把关，更谢谢杨小咪和兰兰的鞭策。希望这本书能帮到你，帮到他，帮到更多有需要的孩子。

潘莹

2020年6月

目录

contents

第三章 提升孩子听觉能力的功能性训练游戏____077

第四章　提升孩子视觉能力的功能性训练游戏___109

第七章　提升孩子情绪管理能力的功能性训练游戏＿＿213

父母是孩子最好的感统训练师

—— Chapter 01

3~12岁是儿童的感知、注意、理解、协调、运动等单项能力及感觉统合能力快速发展的黄金时期。在这段时间里，有的孩子显现出超强的运动协调能力，有的显现出过人的语言天赋，有的则会出现某项能力的发展落后于同龄孩子平均水平的现象。这些发展落后于同龄人的孩子大都属于感统失调。本章系统讲述了感觉统合的运作原理、感统失调的表现和感统训练的必要性，旨在为父母提供科学有效的指导建议。

9月，新一批6岁的孩子入学了。一个月后，每个班里都会有一部分孩子成为老师重点关注的对象，年年如此，从不例外：

欣欣使用勺子吃饭比较困难，经常需要同学或老师帮着喂才能在规定时间内吃完；

彤彤每次稍微跑快一点点就会摔跤；

豆豆经常把数字、拼音甚至是汉字的偏旁部首颠倒着写，不管别人怎么纠正，他下一次还是会反着写；

豪豪每天回家，都不记得老师上课讲了什么，也不知道老师留了什么作业，提了什么要求；

姗姗很难集中注意力听课，同学的桌子动了，铅笔掉地上了，她总是第一个转头看；

霖霖回家读课文总是读得结结巴巴的，经常加字漏字、跳读漏读，甚至不按课文而是按自己的想象来读；

潇潇在家做作业，一会儿要喝水，一会儿要上厕所，一会儿笔不见了，一会儿橡皮没了，就是不能老老实实坐着写作业；

瑞瑞上课不喜欢回答问题，与同学发生冲突或是遇到困难时，不能很好地把自己的想法表达出来，经常被能言善辩的孩子说得哑口无言，气得小脸通红，直接上手打人；

上小学已经一个月了，早晨妈妈送琪琪上学，只要出任何一点状况，比如忘记带彩笔，或是饭盒忘记洗干净，抑或是稍微晚了一点点，琪琪都会在学校门口大哭大闹，甚至在地上打滚，坚决不肯进学校。

又要忙工作，又要忙家务，还要管孩子的新手爸妈被孩子的各种状况搞得手忙脚乱，人仰马翻。每天放学时，老师与家长交流孩子在校情况的声音，或是家长向老师抱怨孩子在家状况的吐槽声都在校门口此起彼伏。

把孩子们出现的各种问题进行归类，我们发现，这些需要老师特殊关注的孩子大致可以分为以下几个大类。

1	运动能力发展迟缓，感统失调	欣欣、彤彤
2	听觉能力发展迟缓，感统失调	豪豪、姗姗
3	视觉能力发展迟缓，感统失调	豆豆、霖霖
4	注意力和记忆力发展迟缓	潇潇
5	语言表达能力发展迟缓	瑞瑞
6	情绪管理能力发展迟缓	琪琪

而且，感统失调的孩子入学后，出现学习困难的现象比较多。那么，什么是感统失调呢？

一、感觉统合与感觉统合失调

"感觉统合失调"又称"感统失调"，是近年来突然在国内火起来的一个词，各种针对"感统训练"的培训机构遍地开花且培训费颇为高昂。其实，感觉统合理论并不是个新事物，早在1972年就由美国南加州大学临床心理学专家艾尔丝博士系统地提出了。这套理论由脑神经生理学基础发展而来，在近50年里，被广泛地应用于脑神经科学领域的研究。

什么是感觉统合失调呢？我们先来看看孩子产生一个行动的完整过程。

　　妈妈对孩子说："去厨房把杯子拿过来。"孩子的听觉器官（耳朵）感受到声音，并通过听觉神经将声音传送到大脑。大脑对这个声音进行分析，明确意义，形成指令，再通过神经把指令分别下达给手、脚等部位的不同肌肉，产生肌肉运动，孩子就会走到厨房去把杯子端过来。这整个过程就叫作"感觉统合"。

　　感觉统合是人的本能，与生俱来。这种本能在后续人与环境互动及不断学习的过程中逐渐发展、健全。如果在成长的过程中，感觉器官或是神经系统有任何一个环节出现发育滞后或器质性病变，身体感官与大脑指挥协调就会混乱。

　　3岁以上的孩子，通常都能正确理解妈妈所说的"去厨房把杯子拿过来"这句话，并完成这个指令。如果孩子听到了妈妈说话，却不能正确理解这句话的含义以及做出应对，去了厨房不知道要干吗，或是去了别的地方，又或是需要妈妈反复说很多遍才表现出听明白的样子，排除听觉器官器质性病变的因素，就极有可能是听觉感统失调。

　　3~12岁是儿童的感知、注意、理解、协调、运动等单项能力及感觉统合能力快速发展的黄金时期。在这段时间里，有的孩子显现出超强的运动协调能力，有的孩子显现出过人的语言天赋；有的孩子却出现某项能力发展落后于同龄孩子的平均水平的现象。例如孩子的左右眼发育不同步，双眼视差较大，出现把一个物体看成两个影的复视现象，其双眼的立体知觉能力就会大大减弱，从而影响对空间的感知和动作的精确度与协调性，其"镜像书写"（把看到的文字、数字等反着写）的时间也会变得更长。如果孩子某一侧听觉系统发育不完全或是受损，又或是两侧的听觉器官发育时间明显不一样，其听觉定向能力就会比较差，上课时就很难集中注意力听老师讲课。这些现象都属于感统失调。

　　相关研究显示：我国普通孩子中感统失调发生率为10%~30%，行为问题群体中为60%，多动症群体中为80%，孤独症群体中为90%，且发生率在逐年上升。这些数据和我自己近30年来的统计近似。我个人认为感统失调是孩子成长过程中出现的，会对学习和生活造成不同程度影响的普遍现象。它并不是疾病，更不意味着孩子的心智有问题。发生率逐年上升的原因是复杂的，和社会的快速发展、孩子能够得到的信息数量和质量迅猛提升都有关系，更和孩子的成长环境、爸爸妈妈教育方式差异的逐年增大有关。

虽说孩子在3~12岁时的很多行为表现都和感统失调有关，但并不是所有问题都可以推给感统失调。感统失调的表现和学习障碍、情绪障碍、注意力缺陷、多动障碍等其他一些障碍有颇多相同的地方，并不能算是一种相对独立的行为障碍。因此，学术界至今没有把感统失调纳入精神疾病诊断与统计手册（DSM），以及纳入深入临床实践治疗的体系。我们分析孩子感统失调的不同表现，寻找不同的针对性教育方案，也只会和"情绪管理能力较弱""表达能力较弱"一样，将其归为影响孩子学习与能力发展的原因之一，并不会将之放大与特殊化。感统失调和其他大多数引发孩子学习与能力发展滞后的原因一样，在3~12岁这段时间里，如果能够及时发现并有针对性地进行训练，大多数孩子的感统失调可以成功矫治。

二、在教师群体中口耳相传，能有效改善感统失调的亲子互动功能性训练游戏

经过多年的积累，一线教师总结出了很多针对造成儿童学习困难的原因进行有效训练的特殊方法，类似医疗系统中的各种针对性康复训练。功能性训练游戏就是针对3~12岁的孩子发育中的各类滞后现象，比如感统失调、语言表达能力滞后、情绪管理能力滞后等而设计的特殊游戏。现在很多培训机构采用的感统训练大多也属于功能性训练游戏的范畴。

这些功能性训练游戏与普通游戏相比，具有针对不同能力发展的专项训练和

矫正功能，但是训练的强度和难度又小于医院的康复训练，同时普适性和趣味性更强。让孩子心甘情愿地重复各种枯燥的训练是一件难度很高的事情，但玩这些简单、互动性强、符合儿童发育规律的游戏则不同，孩子在快乐的主动玩耍中不知不觉就进行了有效的训练和矫正。

除了去康复机构或专业培训机构进行训练，只要能够找到孩子的问题所在，在家庭环境和自然环境中的亲子互动训练方式同样切实可行，而且亲子互动的效果会比由陌生人来进行训练更好。因此相较于直接将孩子送去各种培训机构，我更提倡由父母与孩子一起进行功能性训练游戏。

功能性训练游戏对于孩子的游戏时长和强度有一定要求，有其特殊性。我选择了大量适合亲子互动的游戏收入书中，游戏道具和场地也适合大多数中国家庭，方便随时随地开展活动。建议爸爸妈妈一定要参与到孩子的游戏中，和孩子一起玩。一方面可以更好地控制孩子的游戏时长和强度，另一方面也可以改善亲子关系，营造良好的家庭氛围。

三、本书说明与使用方法

在本书中，为了方便爸爸妈妈理解和查找，我将孩子出现得最多的问题以及对应的功能性训练游戏按照"肢体的运动与协调""听觉""视觉""注意力与记忆力""语言表达""情绪管理"六大板块分类。

"肢体的运动与协调"板块，讲述儿童的身体发育规律，容易出现的发育滞后现象的表现，以及针对孩子的肌肉、骨骼、机体平衡与身体协调能力进行功能性训练的游戏——细分为"动手的游戏""动脚的游戏""让全身动起来的游戏"。

"听觉"板块，介绍儿童听觉器官发育与听觉能力形成的规律；孩子的哪些表现与听觉系统发育不足或滞后有关；以及针对不同的听觉能力的形成，可以选择哪些功能性训练游戏。

"视觉"板块，介绍儿童的视觉器官发育与视觉能力形成的过程，视觉感统失调会让孩子面临怎样的问题，以及怎样促进孩子的视觉能力发展与对应的功能性训练游戏。

"注意力与记忆力"板块，介绍什么是注意过程与记忆过程，两者之间有怎样的联系，儿童的注意过程与记忆过程是怎样发生发展的，注意力和记忆力发展不够好的孩子会有怎样的表现，可以用哪些游戏帮助孩子提高注意力与记忆力。

"语言表达"板块，介绍儿童语言表达能力的发展规律，不同的语言表达能力带给孩子的不同发展变化，如何创造良好的语言环境，以及可以帮助孩子提高表达能力的功能性训练游戏。

"情绪管理"板块，介绍儿童情绪失控的各种表现，什么是情绪管理，如何处理孩子的极端情绪，如何培养孩子拥有良好的情绪管理能力，以及能够帮助孩子提高情绪管理能力的功能性训练游戏。

请拿到本书的爸爸妈妈先阅读各大板块的总述部分，了解每个板块的大致内容与孩子的对应表现，再根据自己的孩子已经出现的问题找到对应的内容细读，看看孩子的问题是否和文中描述的相符。如果大致相符，需要先带孩子去医院的儿童发育专科进行身体检查和能力评估，检查孩子的身体发育状况。本书中的功能性训练游戏只适用于发育正常孩子的各项能力提升或有轻微发育滞后现象的孩子的辅助康复，而有器质性病变或某项能力发育已经达到"障碍"程度的孩子一定是需要医院介入进行治疗的，爸爸妈妈切不可大意，以免错过最佳治疗期。

如果经医生鉴定，孩子不需要特别治疗，那么这本书里的功能性训练游戏就可以派上用场了。爸爸妈妈可以根据孩子的年龄和出现的问题，找到对应的功能性训练游戏，开始对孩子进行训练。

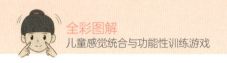

在本书中，每个游戏都包含如下几个部分。

1. 游戏名称与游戏介绍

爸爸妈妈在此了解游戏的名称，游戏侧重于哪些能力的提升、适合什么年龄的孩子玩，以及如何玩。

2. 游戏准备

此为游戏的准备工作部分，包含"训练重点""游戏场地""道具"。

"训练重点"：介绍游戏中最重要的训练点是什么。爸爸妈妈可以根据游戏场地和道具的不同，对游戏稍做修改。但无论怎样修改，训练重点都不可以改变。

"游戏场地"：针对适合玩这个游戏的场地给出的建议。考虑到每个家庭的环境并不相同，除了听觉部分的游戏对场地的要求比较严苛以外，其余的游戏对场地的要求都不高，只要保证孩子能够安全玩耍就可以。

"道具"：介绍玩这个游戏需要准备的物品。

4. 寻宝　3~6岁

在孩子的成长过程中，从父母喂饭到自己用勺子吃饭，再到自己用筷子吃饭是一个循序渐进的过程。是否能够熟练使用筷子，也是手指完成精细动作能力强弱的一种验证方式。寻宝游戏需要孩子利用筷子夹取小物件并运送到指定位置后放下，且在身体移动过程中还要保持夹稳的状态，3-6岁的孩子可以多玩，能很好地锻炼孩子的手指综合运用能力和手眼配合能力。

游戏准备

❶ **训练重点**：熟练使用筷子夹取小物件，运送到指定位置后再放下。
❷ **游戏场地**：室内或室外平整的地方。
❸ **道具**：1小杯黄豆、2个小号矿泉水空瓶、2双筷子、2张A4纸、1张大一些的纸或者布、1张桌子。

怎么玩

基础版

❶ 将大纸或布平铺在平整的桌面或者地面上，然后把"宝贝"黄豆铺撒在上面。
❷ 一手拿筷子，一手拿矿泉水空瓶，两人同时将纸上的黄豆一颗一颗夹进自己的瓶子。

3. 怎么玩

这个部分介绍每个游戏的详细操作步骤。有的游戏根据年龄不同、或是孩子能力提升的进展不同，特别标注了"基础版"和"进阶版"，或是"难度再加1"。建议新游戏都从基础版开始玩，等孩子适应了再提升难度。

提升孩子肢体运动能力与协调性的功能性训练游戏

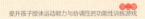

❸ 黄豆全部被夹完后，倒回纸上数一数，数量多的一方获胜。

进阶版

① 将大纸或布平铺在平整的桌面或者地面上，然后把"宝贝"黄豆铺撒在上面。

② 瓶子放在身旁，两人均一手拿A4大小的纸挡住脸，纸上戳一小孔，露出一只眼睛，另一手拿筷子去夹黄豆，再放进身边的瓶子。

③ 黄豆全部被夹完后，倒回纸上数一数，数量多的一方获胜。

注意事项 寻宝游戏对于孩子的手眼配合和协调能力有较大的提升作用，相应地，孩子能顺利完成的难度也会比较大，尤其是进阶版。因此，刚开始玩的时候，黄豆的数量不要太多，爸爸妈妈需要放慢自己的速度来配合和鼓励孩子，让孩子多感受到胜利的喜悦。

025

4. 注意事项

这个部分是玩游戏时要特别注意的一些事项，有安全方面的提示，也有游戏重点或训练重点的特别提示。建议玩游戏前一定要认真阅读。

功能性训练游戏有别于普通游戏与康复治疗。由于儿童的视觉、听觉等能力提升具有整体性，因此所有的游戏都不会只针对某一项细分能力。书中每一章收录的游戏虽然侧重不同，但都需要玩一玩，而不是单独玩某一个游戏就可以了。除了针对孩子的薄弱环节选择相应的游戏进行训练外，其他章节的游戏也可以多玩一玩，对孩子各方面的能力提升也是有益的。

四、训练注意事项

1. 安全

书中很多游戏都加入了安全提示，请爸爸妈妈一定要注意。不过，摔倒、受伤也是孩子成长的重要历程，所有的孩子都是在跌跌撞撞中长大的，需要让孩子有这种体验，所以不用过于小心，因噎废食。

2. 时长与强度

正如跑步虽然是个好的锻炼方式，但动作不当和跑得太久也会让人受伤，功能性训练游戏有一定的运动强度，并且会一再重复，有的游戏中还会有幅度较大的动作，请一定要注意控制游戏时长和强度。游戏种类不同，适宜的时长也不同，玩的时候要根据孩子的年龄和游戏的强度来调整时长，时间太短或太长都不好。如果孩子已经大汗淋漓，或是感到疲倦、厌烦，要及时停止。不要一味追求难度提升，让孩子去玩高于他年龄阶段的游戏。

3. 坚持

功能性训练游戏科学有效，针对性强。只要能够坚持，通常，经过2~3年的训练，85%以上孩子的行为能得到改善，60%以上孩子的行为能得到明显改善。不过，改善不是一朝一夕就可以看到的。如果三天打鱼两天晒网，或是没有找准孩子的真正问题所在，选择了错误的方法，导致错过了孩子的最佳纠正时间，效果就会比较差。

4. 心态

每个孩子都有自己独特的兴趣爱好，能坚持玩同一个游戏的时长也不同。针对不同的感统失调问题，我在书中都列出不止一个游戏供爸爸妈妈和孩子一起选择。如果发现孩子对玩某一个游戏感到厌倦，不用焦虑，也不要强迫他继续玩，换一个同类的游戏就好。一定要牢记的是：

游戏，快乐是第一位的！

只有少些苛责，多些鼓励，耐心地陪孩子玩游戏，让孩子认为玩这些游戏是开心的，是他喜欢的，能够获得完成游戏的满足感，才能让他们更积极主动地参与游戏。

明确以上事项后，让我们和孩子一起，开始一场快乐的游戏之旅吧。

第二章
提升孩子肢体运动能力
与协调性的功能性训练游戏

—————— Chapter 02

在孩子的成长过程中，爸爸妈妈会发现，与同龄孩子相比，自家孩子学不会扣扣子、系鞋带，跑着跑着就跌倒了，很难单脚站立，四肢动作不协调……这是因为孩子的大小肌肉群还没有发育完全，导致部分能力发育滞后。本章提供了30个针对手（臂）部、腿部与全身进行训练的功能性训练游戏，有助于改善孩子四肢发育情况，使孩子更健壮、更灵活。

西西4岁多了，还不能自己扣扣子、穿好衣服。

彤彤6岁了，稍微跑快一点点就会摔跤。

豆豆7岁了，跳绳时手脚怎么也配合不好。

欣欣9岁了，还没学会系鞋带，妈妈只能给她买带粘扣的鞋。

……

近30年的执教生涯中，我遇到过非常多有类似情况的孩子。这些孩子的父母通常都十分焦虑，担心小朋友的身体是否出了问题。可是，他们带着孩子去医院检查后，医生说孩子的器官发育并没有异常。父母来到学校向老师咨询，我们也认为这些孩子只是部分能力发育滞后，十分常见。可这样的回答让父母更加焦虑和担忧了，他们不约而同地提出了一个问题："既然孩子是正常的、健康的，那为什么别人家的孩子可以做到的事，我家的孩子却做不到呢？"

其实，别人家的孩子能做到，自己家的孩子做不到，只要不是器官的器质性病变，都是正常现象。究其原因，是每个孩子的身体发育状况不同。

儿童的身体发育具有一定的规律性，头部最先发育，接着是躯干、上肢，最后才是下肢。在发育过程中，不同部位的肌肉群发育也并不完全同步，通常是大肌肉群发育得早，小肌肉群发育得晚。孩子完成翻身、站立、举起手臂这些大动作，更多依赖大肌肉群，所以1岁左右就能做到；而想要做精细、复杂的动作，比如扣扣子、系鞋带等，需要依赖小肌肉群，就会迟至4岁以上或更大一些才能做到。由于每个孩子的先天遗传因素和后天生长环境不同，发育状况会出现比较大的个体临时差异。比如有的孩子咽喉部肌肉先发育好，开口说话就会早一些；有的孩子腿部肌肉先发育好，就会比别的孩子更早站立、走路。

虽然部分能力发育滞后并不是一个大问题，但是每个孩子都是家里最珍贵的宝贝，加上爸爸妈妈平日里能长期观察到的孩子样本量不多，一旦发现自家孩子与其他孩子有差异，这些差异就会在心中不断放大，并为此担忧，焦虑不安。

如果把观察范围扩大到一所小学，我们就会发现，一个年级有几百个同龄的孩子，身体某个部分能力发育滞后的现象非常普遍。孩子的这种"临时性的差异"在他们后期的成长发育过程中会越来越小。正常情况下，每个孩子最终都会全部发育完成，只是需要的时间长短不同。

正因如此，每当爸爸妈妈发现自家孩子和别的孩子身体发育有差异时，我总是建议他们先带孩子去医院检查，看看孩子的器官发育有没有病变。如果医生说没有，那就请把心放宽，保证孩子每天摄入足量均衡的营养，安静等待孩子的发育慢慢跟上来就好。

在顺其自然、静心等待的过程中，我也会重点关注这些孩子后续的发育变化，及时给父母提出合理的建议，帮助他们针对孩子发育略为滞后的部分选择一些可以在家里进行的功能性训练游戏，利用这些游戏增加对孩子薄弱部分的锻炼，辅助孩子发育。

在本章里，我选择了一些针对孩子的肌肉、骨骼、机体平衡以及身体协调能力进行功能性训练的游戏。这些游戏有的适合在家里玩，有的适合在户外玩，有的适合父母和孩子一起玩，有的适合孩子单独玩，有的还分了基础版和进阶版。基础版适合年龄较小、刚开始玩的孩子；孩子年龄大一些，或者玩得熟练以后，就可以玩难度更大的进阶版了。

需要特别提醒爸爸妈妈注意以下事项。

（1）每一项训练都需要每天进行，而且需要至少坚持半年，甚至1年以上。

孩子的身体发育是一个漫长的过程，任何一种专项训练都不可能有立竿见影

的效果。发现孩子发育略为滞后的部分后，可以在同种类的游戏中选择不同的交错着玩，但是务必要每天玩一玩。有的孩子可能玩上一两个月就能见到效果，大多数孩子可能会需要更长的时间，甚至坚持一两年才能看到明显效果的例子也是有的。爸爸妈妈在没有看到孩子的变化时不用着急，只要坚持不懈地练习下去，一定会看到孩子的成长。

（2）在游戏过程中请一定要注意控制孩子的游戏时长和动作强度。

儿童的骨骼比成年人的更柔软，它们依赖于骨头两端被称为"骨骺线"的组织，每日都在生长。如果活动的时间过长，或是强度过大，儿童会比成年人更容易受伤，骨骼也更容易变形。而且儿童的肌肉力量都比较弱，在高强度的活动中也特别容易损伤。因此，玩本章的游戏，孩子每次持续的时间不宜过长。单一部位训练的时长数值最好一次不要超过孩子年龄的2倍。例如：5岁的孩子做训练手指的游戏，一次不应超过10分钟。

此外，孩子可能会不喜欢某个游戏，或者不喜欢一直重复玩同一个游戏，这都没关系。遇到这种情况，不妨换个孩子更喜欢的同类游戏，或者让孩子休息一会儿再继续。

一、让手（臂）部更灵活、更有力量

以下游戏着重帮助孩子提高手指完成精细动作的能力。家长如果发现你的孩子和同龄的孩子相比出现以下现象，我建议你最好常和孩子一起玩玩这些游戏。慢慢地，你会发现孩子的小手变得越来越灵活，生活自理能力也提高了。

☐ 2岁半以上，不能独立用勺子吃饭；

☐ 2岁半以上，不能只用手指一粒粒抓起干黄豆大小的物体，只能用手掌一把抓；

☐ 2岁半以上，不能完成以下动作——双手张开，由拇指到小指依次收回，再由小指到拇指依次展开；

☐ 3岁以上，不能用拇指去轻松触碰食指、中指、无名指、小指的指尖；

☐ 3岁以上，完全不会使用筷子；

☐ 5岁以上，不能自己穿好衣裤和不用系鞋带的鞋；

☐ 6岁以上，反复教后也不能自己系好鞋带，手指动作明显不灵活；

☐ 6岁以上，独立完成折纸飞机很吃力。

1. 我有一双小小手

　　这是一个适用于大部分3~5岁孩子的游戏，在任何地方、任何时间都可以玩，既适合亲子互动，也适合二孩家庭的两个孩子自己玩。父母和孩子可以找一个舒服的位置相向而坐，一边念儿歌，一边用手掌和手指做各种动作。对于4~5岁的孩子来说，玩到进阶版时还可以加入儿歌和动作的创编。这样除了能锻炼孩子小手的灵活性，对孩子的思维敏捷性和想象力的发展也有好处。

游戏准备

❶ **训练重点**：手掌和手指的精细动作。

❷ **游戏场地**：室内、室外皆可。

❸ **道具**：无。

怎么玩　**基础版**

　　父母带着孩子一边念儿歌，一边做动作。

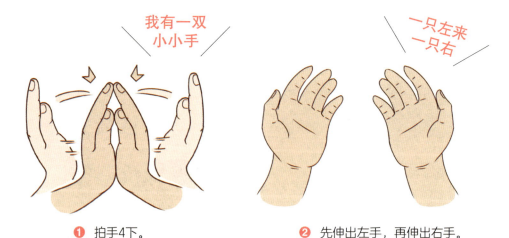

我有一双小小手　　　　　　一只左来一只右

❶ 拍手4下。　　　　　　❷ 先伸出左手，再伸出右手。

变成老鹰
飞一飞

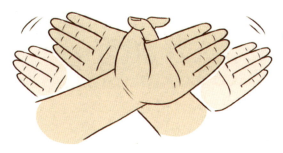

❸ 左右手交叉，拇指相扣，手背向前，其余四指并拢做老鹰状，前后摆动2次。

变成孔雀
跳一跳

❹ 双手的拇指指尖和食指指尖相接呈圆形，其他三指竖起呈孔雀头状，掌心向外，左右摆动2次。

变成小猫
叫一叫

❺ 左手食指、中指、无名指握紧，拇指、小指竖起，右手拇指竖起，其余四指握左手手腕，左手掌心向外，左手手腕上下摆动2次。

变成狐狸
笑一笑

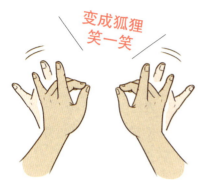

6 双手拇指指尖、中指指尖、无名指指尖相接，食指和小指竖起，左右手掌心相对，手腕上下摆动2次。

7 两手交叉，小指相扣，拇指和其余三指指尖相接呈圆形，左右摇动2次。

变成相机
照一照

大家拍手
齐欢笑

8 两手合掌拍2下，然后把食指放两腮边点头2次。

进阶版

把"变成相机照一照"做完后，可以让孩子设计接下来的部分，创编新的儿歌和新的动作。每个人说一句，做一个动作，另一个人跟着做。如果创编不下去，或者跟着对方做错了动作，就算游戏失败，应从头再来。

 注意事项 玩游戏双方之间保持1米左右的距离，这样既方便父母照顾孩子，又能避免父母的手在活动时碰到孩子。

2. 螃蟹打架

这是许多3~6岁的孩子都很喜欢的手指对战游戏，不受环境和时间的限制，在哪里都可以玩，很适合亲子互动。孩子要利用食指和中指去夹住对方的食指或中指，还要想办法不让对方夹住自己。在不断交替运动手指的过程中，孩子的手部肌肉力量和五指的配合能力都会得到很好的提升。

游戏准备

❶ **训练重点**：五指的配合，用自己的食指和中指去夹住对方的食指或中指，并且摆脱对方的控制。

❷ **游戏场地**：室内、室外皆可。

❸ **道具**：无。

怎么玩

❶ 两个人面对面站着或者坐着，伸出两手的食指和中指做剪刀状，模仿螃蟹的两个大钳子。

❷ 听到"开始"的口令后，用食指和中指去夹对方的食指或中指。

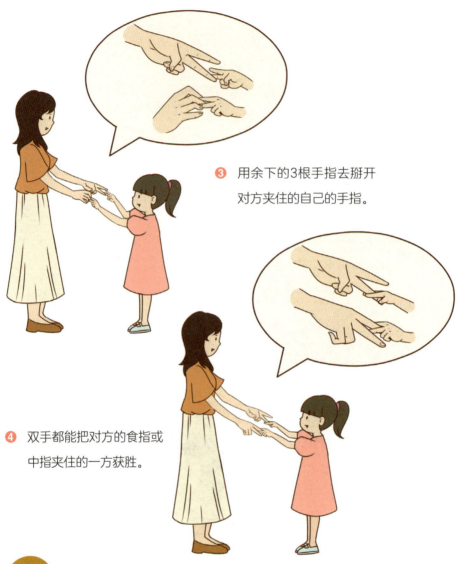

❸ 用余下的3根手指去掰开
对方夹住的自己的手指。

❹ 双手都能把对方的食指或
中指夹住的一方获胜。

注意事项 ▶ 由于这个游戏具有一定的竞争和打闹性质，孩子们都非常喜欢，一玩起来就很容易忘记及时结束。爸爸妈妈要特别注意控制时间和自己手上的力度，避免夹伤或扭伤孩子的手指。如果是二孩家庭的两个孩子一起玩，尤其需要提醒大孩子不要太用力。

3. 围棋大战

这个游戏是用每根手指单独弹射围棋子，可以对孩子双手的每一根手指进行单独训练，尤其能够帮助不擅长使用左手的孩子，5岁及以上适用。如果家里没有围棋子，也可以用大小近似的其他物品，比如瓶盖等代替。

游戏准备

❶ **训练重点**：每根手指单独弹射围棋子击打指定目标。

❷ **游戏场地**：室内。

❸ **道具**：10个同样大小的围棋子，5个黑色，5个白色，分别标注号码1~5，1张桌子。

怎么玩

❶ 两个人面对面，分别站在桌子的一边。

❷ 将同色的棋子分别摆在桌子的两边，成一横排，相邻2个棋子之间相距10厘米。

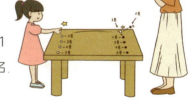

❸ 双方轮流用左手的手指弹射棋子，击打对方对应号码的棋子。拇指弹1号，食指弹2号，中指弹3号，无名指弹4号，小指弹5号。

❹ 如果将对方的围棋子击落在地，被击落的这枚棋子就成为"俘虏"。如果没有击落，就待在最后停止的位置等待对方再次击打。

❺ 一方的5枚棋子全部成为"俘虏"后，一轮游戏结束，再换成右手进行第二轮游戏。

注意事项

由于孩子的手指力量较弱，双方棋子的间距需要以孩子的右手食指能弹出的最远距离为标准。

4. 寻宝

　　在孩子的成长过程中，从父母喂饭到自己用勺子吃饭，再到自己用筷子吃饭是一个循序渐进的过程。是否能够熟练使用筷子，也是手指完成精细动作能力强弱的一种验证方式。寻宝游戏需要孩子利用筷子夹取小物件并运送到指定位置后放下，且在身体移动过程中还要保持夹稳的状态，3~6岁的孩子可以多玩，能很好地锻炼孩子的手指综合运用能力和手眼配合能力。

游戏准备

❶ **训练重点**：熟练使用筷子夹取小物件，运送到指定位置后再放下。

❷ **游戏场地**：室内或室外平整的地方。

❸ **道具**：1小杯黄豆、2个小号矿泉水空瓶、2双筷子、2张A4纸、1张大一些的纸或者布、1张桌子。

怎么玩

基础版

❶ 将大纸或布平铺在平整的桌面或者地面上，然后把"宝贝"黄豆铺撒在上面。

❷ 一手拿筷子，一手拿矿泉水空瓶，两人同时将纸上的黄豆一颗一颗夹进自己的瓶子。

❸ 黄豆全部被夹完后，倒回纸上数一
数，数量多的一方获胜。

进阶版

❶ 将大纸或布平铺在平整的桌面或者地面上，然后把"宝贝"黄豆铺撒在上面。

❷ 瓶子放在身旁，两人均一手拿A4大小的纸挡住脸，纸上戳一小孔，露出一只
眼睛，另一手拿筷子去夹黄豆，再放进身边的瓶子。

❸ 黄豆全部被夹完后，倒回纸上数一数，数量多的一方获胜。

注意事项 寻宝游戏对于孩子的手眼配合和协调能力有较大的提升作用，相应
地，孩子能顺利完成的难度也会比较大，尤其是进阶版。因此，刚开
始玩的时候，黄豆的数量不要太多，爸爸妈妈需要放慢自己的速度来
配合和鼓励孩子，让孩子多感受到胜利的喜悦。

5. 推倒比赛

这是一个对战游戏，孩子要跪在垫子上努力将对方推倒。这个游戏对孩子的力量和身体控制能力都有一定要求，适合6~12岁的孩子。这个游戏着重训练孩子的手臂肌肉，对孩子的前庭平衡能力也有很好的提升作用。

游戏准备

❶ **训练重点**：保持自身平衡的同时将对方推倒。

❷ **游戏场地**：室内、室外皆可，但必须是较柔软、孩子摔倒不易受伤的地方。室内可选择床或铺有地毯的地面，室外则最好是草坪。

❸ **道具**：4个较厚的沙发垫子。

怎么玩

大人和孩子面对面，各跪在2个重叠起来的沙发垫子上互相推，先把对方推倒的获胜。

注意事项

跪在重叠起来的2个沙发垫子上，人的身体重心很容易偏移，孩子需要兼顾手臂发力和保持平衡，因此这个游戏适合6~12岁的孩子。两个人之间的距离以两人伸直手臂可以对掌为宜。

6. 扣纽扣比赛

为了节省时间，方便孩子穿脱，现在市场上售卖的很多儿童服装都用上了拉链、按扣、粘扣这类设计。实际上，扣纽扣是一种非常好的锻炼手指完成精细动作能力的方法，孩子也会很乐意和爸爸妈妈比一比谁能先把所有的纽扣扣好，建议4岁及以上的孩子多玩这个游戏。

游戏准备

① 训练重点：快速扣好所有的纽扣。

② 游戏场地：室内、室外皆可。

③ 道具：2件纽扣数量相同的衣服。

怎么玩

① 将2件纽扣数量相同的衣服平铺在床上或者桌面上。

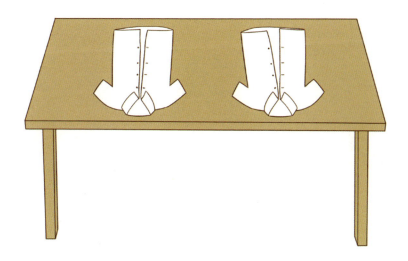

❷ 大人和孩子同时开始，分别给一件衣服扣纽扣。

❸ 先扣好所有纽扣的一方胜出。

注意事项 ▶ 4岁左右的孩子扣纽扣会非常慢，爸爸妈妈请耐心等待，注意控制自己的速度。让孩子有输有赢，才能激发孩子主动参与游戏的兴趣。4岁左右的孩子可以选择有3颗或4颗纽扣的衣服，6岁左右的孩子可以选择有更多纽扣的衣服。

7. 撕"渔网"

把纸撕成各种图案是许多6岁及以下的孩子非常喜欢的游戏。事先在纸上画好线条，要求孩子沿着线条来撕，对手指完成精细动作的能力和手眼配合能力都能起到很好的训练效果。

游戏准备

❶ **训练重点**：沿着画好的线条撕纸。

❷ **游戏场地**：室内、室外皆可。

❸ **道具**：数张不同颜色、不同大小的方形纸（长方形或正方形均可）。

怎么玩

❶ 将纸对折，然后再次对折，折成原来的1/4大小。

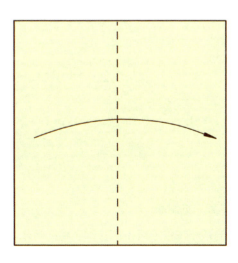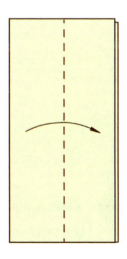

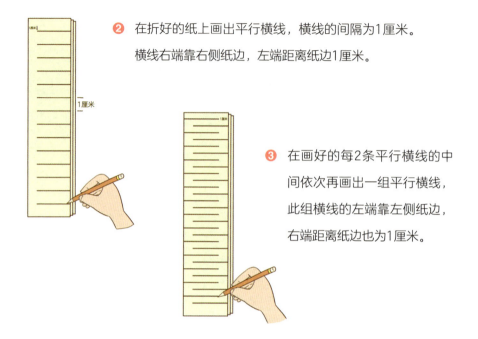

❷ 在折好的纸上画出平行横线，横线的间隔为1厘米。横线右端靠右侧纸边，左端距离纸边1厘米。

❸ 在画好的每2条平行横线的中间依次再画出一组平行横线，此组横线的左端靠左侧纸边，右端距离纸边也为1厘米。

❹ 让孩子沿着画好的线将纸撕开。 ❺ 全部撕完后，拉开纸，"渔网"制作完成。

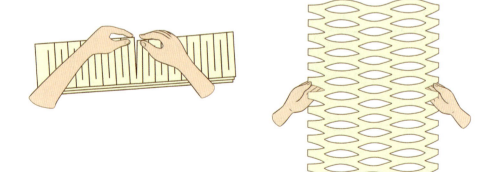

 注意事项 需要提醒孩子，一定不要把纸撕断，不然"渔网"就无法成形。沿直线和曲线撕对于不同的孩子来说难度不同。除了将纸撕成"渔网"外，爸爸妈妈还可以画出其他的图案让孩子撕着玩。

8. 聪明的小松鼠

能够正确使用各种工具是孩子在成长过程中必修的课程。要取出矿泉水瓶中藏着的各种坚果，只有选择恰当的工具并且正确使用才能完成。这个游戏既可以提高孩子的手部综合运用能力，又可以训练他们的思维，5岁及以上的孩子都可以玩。

游戏准备

❶ **训练重点**：选择正确的工具并且能够用工具取出瓶中的坚果。

❷ **游戏场地**：室内、室外皆可。

❸ **道具**：坚果若干，矿泉水瓶、毛巾、筷子、勺子、碗、长夹子各一。

怎么玩

❶ 把坚果放进矿泉水瓶，并用毛巾盖上，不让孩子看见里面的东西。

开始!

❷ 听到"开始"的口令后，孩子拿开毛巾，观察瓶
子内的东西，选择合适的工具取出，放到碗里。

01:10

还有1分50秒。

❸ 一次计时3分钟，孩子能取
出多少，就能吃掉多少。

**注意
事项** 玩的时候需要提醒孩子，只能利用工具从瓶中取物，不能把瓶子里
面的东西直接倒出。瓶子里面装的坚果数量不要太多，以便控制孩子
的进食量。

9. 套板凳

套圈是个古老的游戏，流传于世界各地。这个游戏对锻炼10岁及以下孩子的手臂和腕部的肌肉群控制能力很有好处。做一些套圈，再把1张板凳翻过来作为游戏柱，爸爸妈妈就可以和孩子一起玩起来。

游戏准备

❶ 训练重点：用套圈套住板凳腿。

❷ 游戏场地：室内、室外皆可。

❸ 道具：四腿板凳1张、吸管或别的材料和胶带做成的套圈10个。

怎么玩

❶ 两根吸管首尾相接，并用胶带固定，做成套圈。

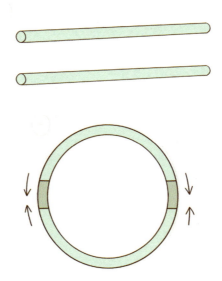

❷ 把板凳翻过来，四脚朝天放在地上。

❸ 站在离板凳2米远的地方，玩的人轮流把套圈
投向任意一条板凳腿。

2米

❹ 能率先套中4条板凳腿的人获胜。

 注意事项 用吸管做套圈需要把接头固定好，避免玩的过程中吸管突然弹开伤到孩子。可以准备一些小玩具或零食，作为对胜利者的奖励，让孩子更乐于参与游戏。年龄较小的孩子可以站得离板凳更近，从距离板凳1米开始玩。

10. 吊球比赛

　　这个游戏的创意来源于打乒乓球。用绳子把乒乓球吊起后再打，可以不受场地的限制，更适合孩子和爸爸妈妈在家里玩。这个游戏既能对孩子的手臂和手腕肌肉起到很好的锻炼作用，又能够提高孩子的手眼配合能力和专注力。3~6岁的孩子可以在家里多玩。6岁以上的孩子因为力气更大，活动范围也会更大，建议去室外进行此游戏。

游戏准备

❶ **训练重点**：轮流击打吊起来的乒乓球。

❷ **游戏场地**：室内、室外皆可。

❸ **道具**：1根细绳、1个乒乓球、2个乒乓球拍。

怎么玩

❶ 用细绳把乒乓球吊在家里的门框、房梁等高处，或是室外的树枝上。

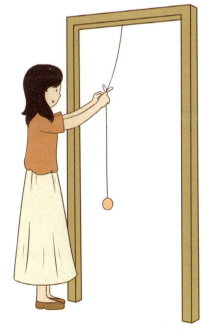
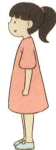

② 每人一个乒乓球拍，一人一拍轮流击球攻击对方。

③ 不能击到球的计1次失球，任意一方先失掉10次球为输掉一局，3局2胜者赢
得游戏。

注意
事项 游戏场地需要没有家具或别的东西遮挡，较为宽敞。爸爸妈妈要注意
自己挥拍的动作，不要打到孩子。如果是两个孩子自己玩，最好有成
年人在一旁看护。

二、让腿部更有力量、更具平衡感

　　如果孩子在3岁以后经常出现以下状况，那么，请和孩子一起经常玩本章介绍的游戏，他们会更容易站得稳、走得快。

☐　稍微跑快一点就摔跤；

☐　走平路时也容易扭到脚；

☐　时常自己绊倒自己；

☐　蹲下和站起看上去都很费力；

☐　爬楼梯的速度明显比同龄的孩子慢；

☐　腿部肌肉捏上去明显松弛，不够紧实；

☐　左右腿的肌肉发育或者力量有较大差异。

1. 升级版石头剪子布

这个游戏源自传统游戏 "猜拳"。常规玩法是用手来完成，而换腿完成，就变成了有趣又有益的腿部与腰腹部肌肉训练。游戏场地不需要太大，既适合在家里亲子共玩，也适合在室外多人一起玩。3~6岁的孩子可以和父母一起玩，6岁以上的孩子也可以和同龄人一起玩。

游戏准备

❶ **训练重点**：原地跳起，落地时做不同动作，快速蹲起。

❷ **游戏场地**：室内、室外皆可。

❸ **道具**：按照人数每人准备10块积木。

怎么玩

❶ 每个人自行在双脚左右两边分别放5块积木。

❷ 大家喊"石头、剪子、布"，同时双腿并拢，在原地跳3次。

❸ 第三次双脚落地时出招。双脚并拢落地，就是出石头；双脚一前一后落地，就是出剪子；双脚左右分开落地，就是出布。

游戏规则：

石头对剪子，可硌断，石头赢；

剪子对布，可剪断，剪子赢；

布对石头，可包住，布赢；

两人出招相同，则重新跳。

布

剪子

❹ 赢了的人快速蹲下，左右手各捡起1块积木放进衣兜后再站起，输了的人只能蹲下单手捡1块积木。

❺ 谁的10块积木先被捡完，谁就在这一轮胜出。

注意事项 ▶ 如果孩子的双腿发育差异比较大，这个游戏可以改成用力量较弱的那条腿单腿跳，只在出招时双脚落地。需要注意的是，单腿跳更不容易保持平衡，要注意防止孩子摔跤。较胖的孩子需要减慢蹲下的速度，防止肌肉拉伤。

2. 运苹果

　　这个游戏需要孩子在半仰卧的状态下用脚蹬着椅子向前移动，将放在椅子上的苹果运送到终点，经常玩可以帮助孩子提高腿部肌肉的精准控制能力，对锻炼手臂和腹部的肌肉也很有好处。1把椅子、1个苹果，就可以让3~6岁的孩子自己在客厅里愉快地玩起来。如果是亲子共玩或者2个孩子一起玩，可以设定为比赛模式，看谁能先把苹果运送到终点。根据孩子的年龄和能力不同，这个游戏也有基础版和进阶版之分。

游戏准备

❶ 训练重点：在半仰卧状态下做控制力量和方向的蹬腿运动。

❷ 游戏场地：室内、室外平整的地面皆可。

❸ 道具：1把椅子、1个苹果。

怎么玩

基础版（3~4岁）

❶ 指定起点和终点，二者相距1~2米。

❷ 把苹果放在椅子上，让孩子坐在椅子后边的地上，两手放在身后支撑上半身，双腿弯曲，双脚蹬椅子，使其从起点向终点移动。

❸ 如果椅子被推倒，或是苹果掉到地上，需要回到起点重新开始。

进阶版（5~6岁）

将双脚同时蹬椅子改成轮流蹬，并在途中设置一些障碍，比如摆上一两个小板凳，训练孩子蹬着椅子绕过障碍再前进。

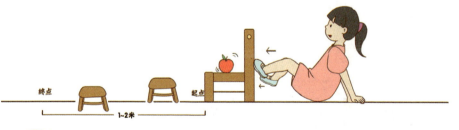

注意事项 刚开始用双脚轮流蹬椅子的时候，孩子很容易用力不均，让椅子摇晃，苹果就会掉到地上。如果苹果掉下的次数比较多，总是不能成功到达终点，孩子会很沮丧，丧失信心，甚至想要放弃。初次玩这个游戏时，设置的运送距离不要太长，可以从1米开始，之后再根据孩子的完成情况慢慢增加到2米或更长的距离。

3. 跳房子

　　这是一个几乎全世界孩子都在玩的古老游戏，适合6岁及以上的孩子。在这个游戏当中，孩子需要在画出的格子里完成单腿定点跳跃和用脚尖踢物的动作，对腿部肌肉有很好的训练效果，还能帮助孩子更好地保持身体平衡。这个游戏可以让孩子自己玩，也可以作为亲子游戏全家人一起玩。

游戏准备

❶ **训练重点**：单腿在小范围内做定点跳跃，在跳跃同时用脚尖进行更精准的力度控制。

❷ **游戏场地**：室内、室外皆可。

❸ **道具**：1个小的扁盒子（或小石头、小积木等）。

怎么玩

❶ 在地上画出由9个格子组成的小房子，把数字1~9依次写在每个格子内。

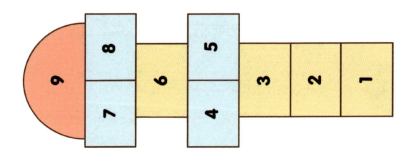

❷ 在距离第一格的适当位置（如10厘米处），画一
  条线作为起跳线，将小积木作为踢的"子儿"。

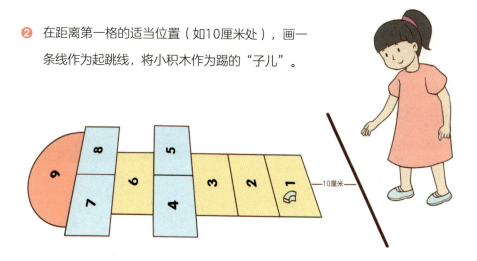

❸ 参加游戏的人站在起跳线后，先将"子儿"扔进1号格，再单脚跨进1号格。
  然后将"子儿"依次从1号格踢进2号格，再从2号格踢进3号格，从3号格踢
  进4号格，并同时单脚跳进相应的格子；再双脚跳进4号和5号格，将"子儿"
  从4号格直接踢进6号格，单脚跳进6号格后，再将"子儿"踢进7号格，然后
  双脚跳入7号和8号格，将"子儿"踢入9号格，最后单脚跳入9号格，将"子
  儿"往回一次性踢到起跳线处，第一次游戏结束。

④ 第二次游戏需要将"子儿"扔进2号格，从起跳线直接跨入2号格，之后的跳法与第一次游戏相同。以此类推，直到以9号格为起始的格子跳完，一轮游戏就全部结束了。之后可以再次从1号格开始跳。

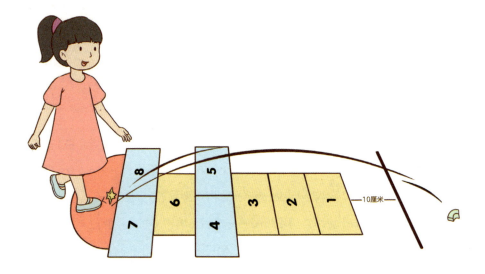

注意事项 这个游戏需要比较宽敞的场地，更适于在室外进行。如果是在室内玩，可以适当减少格子的数量，让活动范围减小。游戏场地旁边最好不要有其他物品，以免孩子撞伤。如果孩子的双腿发育差异较大，玩的时候爸爸妈妈一定要陪在身边，随时关注孩子能否保持平衡。

4. 斗鸡

这是一个传统的多人游戏，北方多称为"撞拐""斗拐"，南方多称为"斗鸡"。传统的斗鸡游戏是一条腿独立，另一条腿用手扳成三角状，膝盖朝前，用膝盖去攻击对方。将这一游戏稍加改变，把膝盖朝前改成小腿向后弯曲，将用膝盖攻击改成以身体碰撞，就很适合亲子互动。这个游戏对提高6岁及以上孩子的腿部力量和平衡能力非常有好处。通常，6~8岁的孩子会更愿意和爸爸妈妈一起玩，而大一些的孩子会更愿意和同龄的小伙伴一起玩。

游戏准备

❶ 训练重点：在规定范围内单腿跳跃，并把对方撞倒。

❷ 游戏场地：较空旷的场地。

❸ 道具：无。

怎么玩

❶ 找一个比较空旷的场地，划定一块2米×2米的区域。

❷ 两个人面对面站在区域内，单腿站立，另一条腿向后弯曲，一手在身后抓住脚踝，另一手抓住对侧手臂。

2米   2米

❸ 单腿跳，用身体碰撞对方。

❹ 如手松开或双脚落地，或者被挤
出划定区域，表示游戏失败。

2米   2米

注意事项 ▶ 这个游戏将传统斗鸡游戏的用膝盖对撞改成了用整个身体对撞，增大了碰撞时的受力面积，降低了孩子受伤的概率，但爸爸妈妈仍然需要提醒孩子注意控制碰撞的力度，尤其不可以用头部互相撞击。每一轮游戏结束后，需要换一条腿再玩，才能让两条腿都得到锻炼。

5. 小青蛙，呱呱呱

在学校里，经常会有一大群孩子蹲在地上，一边跳一边互相追逐。将这种玩法稍加改变，变成模仿青蛙的动作，一个人逃，一个人追，就适合在家里进行亲子互动。这个游戏适合6岁及以上的孩子玩，主要锻炼孩子的大腿肌肉与脚踝的力量。

 游戏准备

❶ **训练重点**：蹲跳式追逐。

❷ **游戏场地**：室内、室外皆可。

❸ **道具**：无。

怎么玩

❶ 两人相隔一定距离，蹲在地上，模仿青蛙，双手举至头两侧，手心向前，五指张开。

❷ 前脚掌着地跳跃，一个人逃，一个人追。追逐的过程中不可以站起来跑动。

❸ 被追上抓住后，追和逃的人角色互换。

注意事项

游戏场地要尽量开阔，地面要平整无物，以免孩子被绊倒或滑倒。爸爸妈妈还要注意自己抓住孩子和被孩子抓住的时间是否合理。时间太短起不到训练的作用，太长容易让孩子感觉自己无法胜利，从而放弃。玩的时候需要时刻观察孩子的情绪，让孩子始终保持在玩得开心、愿意努力去追的状态。此外，这个游戏非常消耗体力，追逃三四个来回后就要让孩子歇一歇。刚开始玩时，爸爸妈妈和孩子第二天会感觉腿部肌肉酸痛，这是正常的，经常玩就会改善。

6. 袋鼠打架

　　这个游戏模仿袋鼠打架的场景，让孩子在并腿跳的同时去推对方的双手，能够增强孩子的腿部肌肉力量，也能够提高孩子的平衡能力。这个游戏不受时间和场地的限制，3~6岁的孩子可以经常玩。

游戏准备

❶ **训练重点**：并腿跳的同时推对方的手掌。

❷ **游戏场地**：室内、室外皆可。

❸ **道具**：2个硬纸卷。

怎么玩

❶ 两人面对面，相隔2米站好，将硬纸卷夹在大腿中间，双臂前伸，手腕自然下垂。

2米

❷ 喊"开始"以后，双方均向前
蹦跳，同时抬起手掌，去推对
方的手掌，一边跳一边推。

❸ 硬纸卷先落地的一方输。

输

赢

注意事项 玩的时候要提醒孩子不可以用手去扶硬纸卷，推的时候五指要并拢，
手掌对手掌。爸爸妈妈要注意控制好自己的力量。

7. 双脚运球

这个游戏要求孩子用双脚把皮球一个个夹到指定位置，可以在床上玩，也可以在铺了垫子的地上玩；可以两个人比赛，也可以一个人玩。这个游戏对孩子的腿部肌肉控制能力可以起到很好的锻炼作用，适合3~8岁的孩子。

游戏准备

❶ **训练重点**：双脚夹皮球后将其移动到指定位置。

❷ **游戏场地**：室内、室外皆可。

❸ **道具**：10个皮球、床或垫子。

怎么玩

❶ 将皮球在床头或垫子的一端摆成一排。

❷ 孩子坐在床或垫子上，双脚抬起，双手放在身后支撑上半身。双脚夹起皮球，运到床或垫子的另一端，并摆成一排。

休息1分钟

❸ 10个皮球为一组，夹完一组休息1分钟，再继续下一组，每次游戏连续夹3~4组。3~5岁的孩子一天玩一两次，6~8岁的孩子一天玩不超过3次。

注意事项 夹的过程中，双脚和皮球都不可以落地。如果落地，需要将皮球捡起来放回并重新夹取。这个游戏带有较强的运动锻炼性质，需要每天坚持练习。对于孩子来说，把10个皮球摆在一起，依次夹完，能直观看到任务在逐渐完成，其成就感也会逐渐增加。如果是把1个皮球来回夹10次，则成了枯燥无趣的锻炼任务，容易让孩子产生抵触情绪。因此切记不可图省事，用1个皮球来代替。

8. 比比谁的力气大

4岁及以上

这个游戏4岁及以上的孩子都可以玩，既适合孩子们一起玩耍，也很适合亲子互动。大家一起坐在床上或垫子上，脚掌相抵，看谁能把对方蹬倒。在大家哈哈大笑的过程中，孩子的腿部肌肉力量也一天一天地增强了。

游戏准备

❶ 训练重点：用脚掌把对方蹬倒。

❷ 游戏场地：室内、室外皆可。

❸ 道具：床或垫子。

怎么玩

❶ 游戏双方面对面坐在床上或垫子上，双手后撑，抬起双腿，脚掌相抵。

❷ 喊"开始"以后，脚掌用力蹬对方。

❸ 先把对方蹬倒或让对方脚先落地的获胜。

输

赢

注意事项

这个游戏需要在柔软的垫子上或床上玩。双方的脚掌一定要抵紧。为了避免踢伤对方，游戏时最好不穿鞋。

9. 抢鞋子

这个游戏着重训练孩子单脚和双脚跳跃能力，更适合5岁及以上的孩子在室外玩。孩子和爸爸妈妈比赛谁能先跳到指定位置，抢到自己的鞋子再跳回。如果遇到孩子们的聚会，还可以以接力赛的方式进行游戏。

游戏准备

① **训练重点**：单脚跳和蛙跳。

② **游戏场地**：比较空旷的室外。

③ **道具**：鞋子。

怎么玩

① 在场地中画出起点线和终点线，两线相距10~20米。

② 每个人脱掉自己的一只鞋子，放在终点线处。

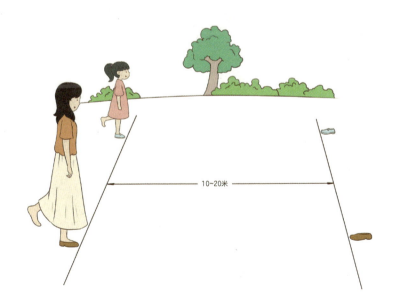

10~20米

❸ 比赛开始后，单脚从起点线跳
到终点线，拿到自己的鞋子穿
上，再蛙跳回到起点线。

❹ 先回到起点线的人获胜。

 注意事项 终点线和起点线之间的距离要根据孩子的年龄来定：5~7岁的孩子
宜设置为10~20米，8~12岁的孩子宜设置为20~40米。5岁左右的
孩子选择粘扣的鞋，6岁以上的孩子选择系带的鞋。

10. 猴子偷桃

孩子每天都要吃水果。把水果举到高处，让孩子经过反复跳跃才能拿到，既可以让这个过程变得有趣好玩，提升孩子吃到水果后的成就感，又可以锻炼孩子的跳跃能力，增强腿部肌肉力量。这个游戏适合3~8岁的孩子，爸爸妈妈不妨每天都让孩子玩一玩。

游戏准备

❶ **训练重点**：原地起跳摸高。

❷ **游戏场地**：室内、室外皆可。

❸ **道具**：1根竹竿、适量水果、1个塑料袋、1根绳子。

怎么玩

❶ 将水果放进塑料袋，用绳子系住，吊在竹竿的一头。

❷ 爸爸妈妈举起竹竿，让孩子跳起来拿水果，每次都将水果的高度控制在比孩子的手高一点点的位置。

❸ 当孩子跳到10~15次时，控制竹竿高度，让孩子能够拿到水果。

注意事项

每个孩子对于失败的承受能力不同，所以跳多少次才可以拿到水果需要爸爸妈妈根据孩子的情况来灵活调整。不能让孩子产生太强的挫败感，甚至放弃努力。

三、让全身更具协调性

我们经常说到的身体协调能力是指孩子在运动的过程中，调节与综合身体各个部分动作的能力。这是一种综合性的能力，包含了灵敏度、速度、平衡能力、柔韧性等多种身体素质。协调性的强与弱，实际反映出的是孩子的大脑中枢神经系统对肌肉活动的支配和调节功能的强弱。

本章中的游戏着重提升孩子的身体协调能力，对促进孩子的神经系统发育也很有好处。如果孩子出现以下现象，爸爸妈妈经常在家里和孩子一起玩这些游戏，孩子会有长足的进步。

- [ ] 3岁以后，做操、跳舞的动作明显不协调；

- [ ] 3岁以后，在平地上画一条直线，孩子双脚交替踩着直线前进时，身体很容易左右大幅度摇晃；

- [ ] 3岁以后，单脚站立时很难站稳；

- [ ] 3岁以后，抛出球时动作不协调；

- [ ] 4岁以后，无法接住其他人近距离抛出的球；

- [ ] 4岁以后，不能完成弯腰双手触地的动作或不能模仿动物用四肢移动前行；

- [ ] 4岁以后，脚尖对准脚跟倒退走2米的距离很困难；

- [ ] 6岁后，跳绳的时候手脚不容易配合好。

1. 大象快跑

这个游戏让孩子模仿大象，用双手抓着脚踝前进。基础版和进阶版分别适合4~5岁和6岁及以上的孩子。由于不需要道具，也不受人数的限制，这个游戏在任何地方、任何时间都可以玩；可以亲子互动，也可以一群小朋友一起玩。这个游戏虽然看上去很简单，但是能很好地锻炼孩子的腰部和腿部肌肉，提高身体协调能力。

游戏准备

❶ 训练重点：手脚配合，同时向前移动。

❷ 游戏场地：室内、室外皆可。

❸ 道具：无。

怎么玩

基础版（4~5岁）

❶ 设定一个起点和一个终点。

❷ 参加游戏的人站在起点处，弯下腰，两手抓住脚踝。

❸ 大家同时出发，向终点前进。行走的
过程中，可以弯曲膝盖，但是双手不
可以离开脚踝。

❹ 先到达终点者获胜。

进阶版（6岁及以上）

在起点处，大家都抓住脚踝模仿大象，用身体去撞对方，撞倒对方者可以先
出发，被撞倒的人需要重新站起来后才能出发。在行进的路途中可以增加一些障
碍，让游戏者绕过障碍前行，先到达终点者获胜。

**注意
事项** 两个年龄、个头差不多的孩子玩进阶版游戏时通常会撞得很开心。但
如果是亲子互动，玩进阶版时就建议取消对撞，只增加绕过障碍的部
分。因为孩子通常无法撞倒爸爸妈妈，一直输会很沮丧，失去继续游
戏的兴趣。如果是在室内玩，需要注意选择比较空旷，周围没有太多
物品的场地，以免孩子摔倒受伤。

2. 小熊偷蜜

这是一个在任何地方都可以随时进行的双人游戏，也非常适合亲子互动。扮演小熊的孩子要在保持跪式俯卧撑或者俯卧撑的状态下，单手快速拿走面前的物品，同时躲避对手的敲击。这个游戏深受8~12岁的孩子喜欢，对他们的手臂、胸部、腰部、腿部的肌肉力量，全身的协调性及对刺激的反应速度都有很好的训练效果。针对每个孩子的发育程度和能力不同，这个游戏也有不同的版本可以选择。

游戏准备

❶ 训练重点：在做跪式俯卧撑（俯卧撑）的时候单手快速离地，躲避敲击的同时取物。

❷ 游戏场地：室内、室外皆可。

❸ 道具：1块垫子、1张A4大小的废纸和3块小积木（或者小玩具、小石子等）。

怎么玩

基础版

❶ 一人模仿小熊，跪在垫子上，小腿向上抬起，以膝关节为支撑点，使脚尖离开垫子。手臂伸直，手掌放在垫子上支撑身体。注意双手要放在肩部正下方，双手间距略比肩宽。

❷ 在"小熊"双手前面约10厘米的位置放3块小积木或是小玩具，代表蜂蜜。

❸ 另一人模仿小蜜蜂，和"小熊"面对面跪坐，手
拿废纸卷成的纸筒。

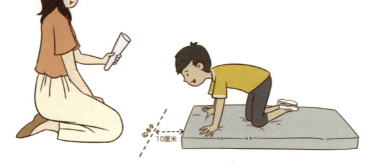

10厘米

❹ "小熊"抬起任意一只手，迅速抓取前方积木。
"小蜜蜂"用纸筒敲击"小熊"伸出来的手。

⑤ 如果"小熊"能拿到积木而不被击中，积木归"小熊"所有；如果拿到积木却被击中手，积木需要放回原处。

⑥ 3块积木都被"小熊"拿走，表示一轮游戏结束，双方互换位置再进行下一轮。

进阶版

　　模仿小熊的孩子不再采取跪式，而是用标准俯卧撑的姿势，脚尖和双手支撑身体，进行单手抢积木的操作。其余规则不变。

注意事项 模仿小熊的孩子无论采用哪种姿势，头部和躯干或头部、躯干和双腿都需要保持在一条直线上。积木不要太大，不要有棱角，要方便孩子一只手抓住。"小蜜蜂"拿纸筒敲击的位置应在积木上方。

3. 单脚拔河

　　这个游戏让孩子保持单脚站立的同时，用另一条腿把对方摔倒。经常玩这个游戏不仅能够增强孩子腿部的肌肉力量，对提升孩子的身体平衡能力和肌肉精准控制能力也有好处。这个游戏对孩子的平衡能力有基础要求，适合8~12岁的孩子。根据孩子的年龄大小和能力不同，难度可以逐渐增加。比较有趣的是，如果爸爸妈妈的平衡能力不够强，在这个游戏中会容易输给孩子，孩子会开心地哈哈大笑。

游戏准备

❶ **训练重点**：单腿站立，在平衡自己身体的同时，让对方摔倒。

❷ **游戏场地**：室内、室外皆可。

❸ **道具**：1根绳子、2个沙发垫子。

怎么玩

基础版

❶ 两人面对面，单脚站立，抬起另一只脚，膝盖弯曲，双方脚掌相抵。

❷ 喊"开始"以后，双方脚掌不能分开，利用腿部力量，让对方摔倒的获胜。

进阶版

两人距离稍远，单脚站立。将一根1米长的绳子的两端分别系在两人抬起的那只脚上，用腿控制绳子拉倒对方。

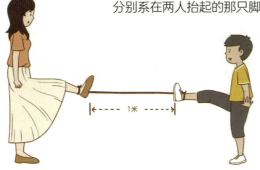

难度再加1

在进阶版的基础上，改成单脚站在沙发垫子上，再进行单脚拔河。

注意事项 ▶ 刚开始时，孩子单脚站稳可能需要借助外物，这时候要允许孩子用手扶住支撑物（比如墙壁、栏杆、大树等）。等孩子的肌肉力量增强、平衡能力提高后，再让他放开手，靠自己保持平衡。玩最高难度的版本需要站在垫子上进行，要选择四周较空旷的场地，以免孩子摔倒后撞到其他物体受伤。

4. 螃蟹接球

　　跑步是一种很好的运动方式，孩子们也大都喜欢跑来跑去的游戏。这个游戏要求孩子在一段较短的距离内进行快速横向来回移动，适合6岁及以上的孩子。与长距离慢跑相比，短距离的快速移动练习对提高孩子的身体协调能力效果更好。进阶版游戏在完成快速横向来回移动的同时还加入了孩子喜欢的抛接球运动，对孩子的反应速度和注意力的集中程度要求更高，锻炼效果也更好。游戏场地要较为宽敞，最好在室外玩。

游戏准备

❶ 训练重点：在短距离的快速移动过程中完成接球。

❷ 游戏场地：室外。

❸ 道具：1个皮球、3个小物品。

怎么玩 基础版

　　将3个小物品两两间隔50厘米并排横放在地上，隔出4个场地。

　　让孩子依次从左到右，再从右到左，跳过小物品，一格一格横向来回跑动。

50厘米

50厘米

进阶版

在孩子横向来回跑动的过程中，爸爸妈妈面向孩子，随时向孩子抛皮球，让孩子接住。

难度再加1

跑动的要求不变，家长站到孩子的背后，将皮球抛过孩子的头顶。皮球在地上弹起后，孩子再接住。

注意事项

这个游戏里用作隔离墩的小物品可以是孩子的旧玩具，如小车、积木等，但体积不能太大，要方便孩子轻松从上面跳过。

在这个游戏中，孩子要注意地上的格子，同时兼顾脚和手不同的动作。玩进阶版游戏时还要判断家长抛球的方向和时间，难度比较大。刚开始时要让孩子慢一点跑，等到孩子不用看地上的格子也能跑得比较流畅以后，再让其加快速度。刚加入抛球的部分时，父母可以离孩子稍远一些，让球在空中停留的时间更长，等到孩子能够熟练完成后，再缩短抛球距离。等到孩子在快速移动中也能接住从2米左右的距离抛出的球后，就可以练习背向接球了。

5. 毛巾拔河

这个游戏适合6岁及以上的孩子玩。有趣的是，年龄和体型的优势在游戏中并不明显，成年人在孩子面前常常也占不了便宜，所以深受孩子喜欢。游戏当中既要保持自己的身体平衡，又要看准机会突然拉紧或者放松毛巾，让对方失去平衡，这对孩子的身体协调能力有很好的锻炼和提升。

游戏准备

❶ **训练重点**：保持自己身体平衡的同时，利用毛巾打破对方的平衡。

❷ **游戏场地**：室内、室外皆可。

❸ **道具**：1条毛巾，2个橘子（或其他大小接近的水果、毛绒玩具等）。

怎么玩

❶ 在地上画1条线，两个人面对面站在线的两边。

❷ 左臂弯曲，将橘子放在肘部上面；右手握住毛巾的一端；单脚站立，另一只脚钩住站立腿的小腿肚或脚踝。

❸ 用力拉毛巾，让对方失去平衡，橘子先掉下或者双脚先落地者输掉游戏。

如果在室内做这个游戏，需要选择较为空旷和平坦的场地，四周和

地面不要有其他物品，以免孩子摔倒后受伤。

如果用水果做道具，要注意掉落后可能会有汁液溅出，需要立刻擦

干以免滑倒。

全彩图解
儿童感觉统合与功能性训练游戏

6. 二龙戏珠

这是一个适合在室外玩的游戏，要求孩子向指定目标投掷乒乓球和躲避他人投出的乒乓球。4岁及以上的孩子都可以玩。它能帮助孩子变得更加灵活协调，反应也更加灵敏。

游戏准备

❶ **训练重点**：投掷乒乓球和躲避对方投出的球。

❷ **游戏场地**：室外。

❸ **道具**：1个乒乓球。

怎么玩

❶ 画2条平行线，相距2米，游戏双方分别站在2条线后。

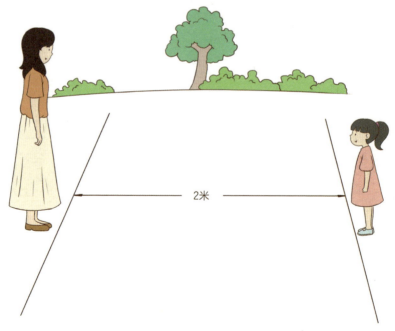

2米

❷ 执球的一方将球投向另一方的身体，击中后计1分，没击中不计分。另一方
躲避，然后捡起球投掷回击。

❸ 除捡球外，双方均不可以越过界线，先积满20分的一方胜出。

 注意事项 要提醒孩子不可以将乒乓球投向对方的头部。爸爸妈妈投球时要注意
控制自己的力度。游戏场地要尽量空旷，尤其不能有尖锐的物品，以
免孩子受伤。

7. 乒乓球障碍赛

3~6岁

这个游戏需要爸爸妈妈和孩子一边跑，一边用小棍控制乒乓球绕过各种障碍物，沿直线或曲线行进，比一比谁先回到起点。经常玩，对提高3~6岁孩子的手眼配合能力和四肢协调能力都有帮助。最好在光滑的地面上玩，粗糙的地面会影响孩子对球的控制。

游戏准备

❶ **训练重点**：跑步过程中利用小棍控制乒乓球的运动方向。

❷ **游戏场地**：室内、室外有光滑地面的地方皆可。

❸ **道具**：2根小棍，2个乒乓球，障碍物若干（玩具、小板凳、书本等）。

怎么玩

❶ 划定比赛区域和起点线，从距离起点线约1米的地方起，在比赛区域内随机摆放各种障碍物，障碍物间的距离约1米。

❷ 将2个乒乓球放在起点线后，游戏双方各执1根小棍站好。

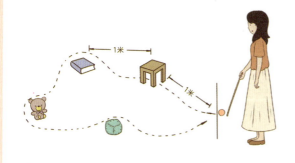
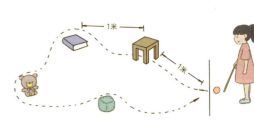

❸ "开始"口令响起后，双方同时用小棍赶着乒乓球前进，绕过所有的障碍物
后回到起点线。

❹ 如果乒乓球滚出比赛区域，游戏者需要捡回，回到起点线重新出发。先绕过
所有障碍物，回到起点线的一方胜出。

注意事项 孩子拿的小棍不能太粗，表面要光滑，以免孩子抓握困难。障碍物
不能是尖锐或易碎的物品。如果孩子年龄太小，绕开间隔1米的障碍
物有困难，可以把间隔距离设定得更长一些。

8. 扯尾巴

这个游戏有很多版本，比如撕名牌、踩气球等，能够提高孩子的敏捷度和全身协调性。对于5~10岁的孩子来说，扯掉粘在对方身后的纸尾巴，难度既不像撕名牌那么大，也不像踩气球那样容易被吓到，是更合适的方式。

游戏准备

❶ 训练重点：在圆圈内扯掉对方身后的纸尾巴。

❷ 游戏场地：室内、室外皆可。

❸ 道具：2条纸做的尾巴、胶带或绳子。

怎么玩

❶ 在地上画一个直径3~4米的大圆圈，作为游戏区域。

❷ 用胶带或是绳子把纸尾巴固定在每个人的身后。

3~4米

❸ "开始"口令响起后，游戏双方进入圆圈，去扯对方身后的纸尾巴。

❹ 先扯掉对方的纸尾巴，或是把对方逼出圆圈的一方胜出。

注意事项 爸爸妈妈和孩子一起玩时，身后纸尾巴的位置不能太高，要方便孩子抓住；还要提醒孩子，可以推撞，但不可以有击打、脚踢等攻击动作。游戏场地要较为空旷，以免撞到其他人或物品。

9. 逃跑的"犯人"

3~8岁

这个游戏需要孩子在手脚被绑住后，用同侧手脚同时移动前行，可以帮助3~8岁的孩子提高全身协调性。年龄较小的孩子建议先在室内进行，移动5米的短距离即可。5岁以后，可以根据情况选择在室内或者到室外玩，移动距离也可以延长到10米。

游戏准备

❶ 训练重点：同侧手脚同时移动前行。

❷ 游戏场地：室内、室外空旷的地方均可。

❸ 道具：2根绳子（或带子），各种障碍物若干。

怎么玩

基础版（3~5岁）

❶ 划定起点线和终点线，两者间隔5米。

❷ 游戏双方弯腰，四肢着地，用绳子将同侧手脚绑在一起，在起点线后等待。

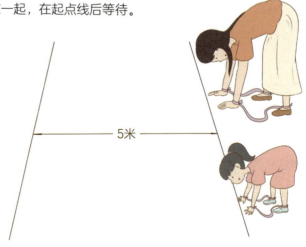

5米

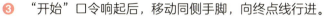

❸ "开始"口令响起后，移动同侧手脚，向终点线行进。

❹ 先到达终点线的一方胜出。

进阶版（5~8岁）

❶ 起点线和终点线的间隔增加到10米。

❷ 在直线行进路途上增加1~2个障碍物，行进到障碍物处时需要绕着障碍物转一圈，再继续前进。

❸ 其他规则不变。

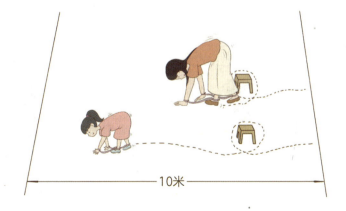

├── 10米 ──┤

注意事项 这个游戏中的动作在日常生活中很少会用到，刚开始玩时大部分孩子都会移动得很吃力，也容易摔倒。爸爸妈妈需要多留心，尽量选择比较空旷的场地。

10. 拉拉扯扯

这个游戏重在锻炼孩子的全身肌肉协调能力，类似两个人拔河，只是不像拔河那样仅凭力气大就能取得胜利。凭借技巧来拉拽绳子，孩子也可以战胜爸爸妈妈，甚至把大人拉倒在地。6~12岁的孩子都可以玩这个游戏。

游戏准备

❶ **训练重点**：用力拉绳子，让对方倒下。

❷ **游戏场地**：室内、室外皆可。

❸ **道具**：1根1.5米长的绳子。

怎么玩

❶ 在地上画2条直线，间隔50厘米，两人分别站在2条线后。

❷ 将绳子的两端分别绕过两人的腰，双方用2只手分别抓住体侧的绳子。

❸ "开始"口令响起后，双方同时用力拉绳子，想办法让对方摔倒或者跨过地上的线。

❹ 先拉倒对方，或是让对方跨过线的一方胜出。

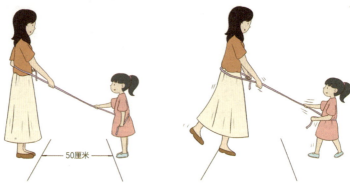

50厘米

注意事项

游戏场地周围不能有尖锐的物体，以免孩子倒地时受伤。建议8岁以下的孩子尽量和同龄人一起玩，8~12岁的孩子可以和成年人一较高下。

第三章
提升孩子听觉能力的
功能性训练游戏
—— Chapter 03

　　不论在家还是学校，孩子若是有经常走神发呆、和别人说话时很少有目光交流、不耐烦听别人讲话、不知道老师布置的作业是什么，或者稍微听到大一点的声音就害怕、动不动就捂耳朵、听到细微声响就很容易转移注意力等表现，有可能是出现了听觉感统失调。本章介绍的12个针对听觉能力的功能性训练游戏可以帮助孩子改善听觉发育情况，提升孩子的学习力。

孩子从幼儿园升入小学后，上课的时间更长了，学习的方式和内容也有很大的转变。一二年级的很多孩子会不同程度地出现以下现象：

上课老是发呆走神，完全不知道老师讲了什么；

常常不知道家庭作业是什么；

不会好好坐着听讲，总是动来动去，不遵守课堂纪律；

本来在好好听讲，旁边同学的铅笔掉在地上，马上就转过去看；

……

当我把孩子在学校的表现反馈给家长时，有的爸爸妈妈认为很正常，因为孩子在家里也是这样，大人跟他说什么都不耐烦，把大人的话当成耳旁风，还经常不等大人说完就跑了；有的爸爸妈妈就会很疑惑——自家孩子明明在家看书或看动画片的时候都可以老老实实坐很长时间，怎么一到上课就像换了个人呢？

通常，人们容易把这一类问题归结为孩子还没有养成良好的学习习惯。但我通过多年的观察研究，发现很多孩子不会听课、听不懂、记不住并不完全是因为学习习惯不好，而是由于听觉感统失调、听觉注意发展不足。简单来说，就是这类孩子的听觉器官发育比同龄孩子晚，用听觉器官接收外界信息就会比同龄的孩子更困难。在第二章里，我们谈到了孩子的身体发育状况会出现个体临时差异，听觉器官也是一样的。

妈妈们应该记得，到了孕程的中后期，腹中的宝宝对爸爸妈妈的声音就会有明显的听觉反应，宝宝在出生时就已经具备明显的听觉能力了。让我们来回顾一下孩子从出生后到学龄前的一些听觉能力发展的表现。

年龄段	情况描述
1~2 个月	在睡眠中突然听到了声音，会有上下肢抖动的惊跳反射
3~4 个月	出现区别不同声音的能力，产生听觉注意。对喜欢和不喜欢的声音有了情绪反应。比如对妈妈的声音特别敏感，听到妈妈的声音时会转头寻找声源
5~6 个月	出现听觉定向，能感知熟悉的声音，比如父母的言语声。听见别人叫自己的时候，能面向发声方向
7~8 个月	开始有了言语听觉，会注意说话者的口型，并且对声音的信息进行自我调节
9~10 个月	开始听得懂话，并且模仿、学习说话
11~12 个月	主动听取声音，寻找视野以外声音的能力大大增强，出现对音乐节奏和旋律的感知和欣赏能力
1~2 岁	能主动寻找来自隔壁房间的声音。从听懂词和短语发展到能听懂简单的句子，开始喜欢听有简单情节的故事。开始能进行简单的对话，能按要求做事
3~4 岁	听觉记忆增强，能依次说出看到的物体的名称，开始学习常见的字词
5 岁	听觉的理解能力及语言能力大大提高，为读书、识字、进入小学做准备

从听觉能力发展的过程来看，儿童对于声音的认识是有一定规律的。

首先是判断有没有声音和对不同音高、不同音量、不同音色的声音的听觉察知。如果听觉器官没有器质性病变，孩子几乎不会在这个环节出问题。

其次是对某种声音产生听觉察知后，如果这种声音对孩子具有某种意义，就会产生听觉注意。这是一种与听觉有关的心理活动。如果孩子听过的声音种类很

少，缺乏对声音意义的认识，难以建立足够的听觉注意，就容易出现听而不闻的现象。

建立听觉察知、形成听觉注意后，就会进行**听觉定向**，也就是辨别声音的方向，寻找声源。两只耳朵分别从身体两侧接收声波，对听觉定向起很大作用。如果孩子的某一侧听觉系统发育不完全或受损，又或是大脑两侧的听觉器官发育时间明显不一样，听觉定向能力就会比较差。

听到声音，并且辨别声音的方向以后，孩子会对这种声音进行**听觉识别**（对声音异同的区别）、**听觉选择**（从不同的声音中选择听取自己需要的，或感兴趣的、有吸引力的声音）和**听觉记忆**（声音信号在大脑中的储存）。这几个环节除了有听觉相关器官的参与，还有大脑分析综合信息处理的加入。有的孩子听觉器官发育速度没有问题，但是大脑相关神经发育得慢一点，也会不容易听懂和记住别人说的话。

最后，孩子在模仿大人说话时，会不断通过**听觉反馈**进行自我调节，直到可以准确无误地发音。在对以上各个环节熟练的基础上，经过大脑的思维活动，孩子会建立起对声音信号所反映出的事物本质的认识的**听觉概念**。

从听觉察知、听觉注意、听觉定向、听觉识别、听觉选择、听觉记忆到听觉反馈，最后建立起听觉概念，对声音信息做出正确的反应，这几个环节相互关联，相互依存。如果孩子的听觉器官发育得比较慢，或是某个环节的某项能力偏弱甚至缺失，就会出现听觉感统失调。

孩子刚出生时，听觉细胞的数量是一生中最多的，对不同频率的声音的感受能力也最强。一直到进入青春期以前，听觉的敏感性、语音听觉功能以及音乐感知能力都在随年龄增长而不断提高。成年以后，听觉细胞大批死亡而不再生，人的听觉能力就会逐渐下降，老年人基本没办法听到高频的声音。

不过，孩子具备良好的声音感受能力，并不表示他就能听懂声音。听觉能力，包括对声音的感知、搜寻、分析、综合、辨别、鉴赏、评价、回味、联想、储存等，与人的大脑有紧密联系，与人的知识经验、智力发展水平都有关，需要通过后天的学习，在训练和使用过程中逐步获得并提高。每个孩子的大脑神经发育过程、学习过程、成长环境都不同，就会造成孩子的听觉能力产生很大差异。

例如，唱歌跑调、经常走神发呆、和别人说话时很少有目光交流与正视、不耐烦听别人讲话或者经常不等别人说完就打断的孩子，往往在同龄孩子中听觉敏感度偏低；而稍微听到大一点的声音就害怕、动不动就捂耳朵、听到细微的声响也很容易转移注意力的孩子，往往在同龄孩子中听觉敏感度偏高。

这些出现听觉感统失调、听觉注意发展不足的孩子，无论在生活还是学习上，都会比其他孩子遇到更多的困难，受到更多的批评和责备。如果能够及早发现孩子的听觉发育特点，除了正常地引导他们在生活当中学会聆听，通过自然途径获得听觉概念以外，多让他们做一些针对性训练，例如把各种声音与其意义联系起来，养成有意识地聆听的习惯等，会帮助他们更好地提高听觉能力。从小学习音乐的孩子，耳朵往往特别灵，听力特别好，少有上课听讲吃力的现象，就是这个道理。

虽然从产生听觉察知到建立听觉概念可以细分为很多个环节，但其中某个环节发展得不够好，一定会影响到其他环节，从而造成整体的听觉能力发展不足。当我们发现孩子的听觉能力发展得不够好的时候，往往很难从孩子的日常表现去判定到底是哪个环节最先出现了问题。所以所有的听觉游戏，都不会仅仅针对单一的能力进行训练。

本章介绍了一些帮助孩子提升听觉能力的游戏。如果孩子出现下列现象，爸爸妈妈可以根据孩子的喜好选择适合他的游戏每天玩一玩。

☐ 唱歌跑调；

☐ 不喜欢听别人说话，经常不等别人说完，就打断别人说话；

☐ 和爸爸妈妈或者其他人说话时，很少能专注地与人对视，更容易东张西望；

☐ 和人对话时容易发呆走神，不知道对方讲了什么；

☐ 爸爸妈妈让孩子做某件事，刚说完，孩子就问要做什么；

☐ 听爸爸妈妈说话，或是在和爸爸妈妈对话时很容易被身旁出现的其他声音吸引注意力；

☐ 经常做捂耳朵的动作（听到鞭炮声这种巨大的声响时除外）；

☐ 对苍蝇、蚊子飞过时产生的这类快速连续振动的声音（包括电视里出现的）表现出害怕。

需要提醒爸爸妈妈注意的是：

1. 听觉游戏的选择需要遵循由易到难、由简单到复杂的原则；

2. 可以根据孩子的兴趣变化更换不同的游戏来玩，但要每天玩，听觉能力训练需要坚持2~3年。

听觉能力的提升不同于肢体能力的提升，难以通过孩子的外表看到明显的变化，而且所需要的时间也会更长。爸爸妈妈一定要有足够的耐心，从孩子3岁开始，在之后2~3年以内都要坚持让孩子每天玩一玩。如果孩子开始玩游戏时的年龄更大，能力提升所需要的时间就会更长。从6岁开始玩的孩子，可能就要坚持玩4~5年，爸爸妈妈才能从孩子的日常表现中看到明显的改善。

3. 孩子的年龄越小，游戏中出现的声音就要越小，让孩子能听见、有反应即可。

只要听觉器官没有病变，所有孩子的听觉察知能力都是成年人望尘莫及的。在婴幼儿期，孩子如果接触到过强、过高的听觉刺激，造成的听觉细胞受损也是不可逆的。要知道，成年人觉得正常的音量对于孩子来说都是过强的。对于一个1岁左右的孩子来说，逛超市时听到的各种声音无异于火车在耳畔轰鸣。因此，除了在游戏中要注意控制音量，我也建议爸爸妈妈尽量不要带2岁以下的孩子去逛超市，不要带6岁以下的孩子去婚宴现场、广场舞现场这类连成年人都觉得声音较大的场所，在家里说话、看电视时，也应尽量用较轻的音量，呵护好孩子的耳朵。

1. 小猫钓鱼

　　这个游戏让孩子根据听到的声音摆出相应数量的小鱼，重在训练孩子的听觉察知、听觉注意、听觉识别和听觉记忆能力，对帮助孩子建立"数"的概念也很有好处（进阶版还可以用于练习口算加法），很适合3~6岁的学龄前孩子玩。

游戏准备

❶ **训练重点**：对不同声音的察知、注意、识别与记忆。

❷ **游戏场地**：安静的室内。

❸ **道具**：1个小鼓、1~2件能发出不同声音的物品、1只玩具小猫、10条玩具小鱼。

怎么玩

基础版

❶ 两人相对而坐，把玩具小猫放在孩子面前，玩具小鱼放在小猫的一旁。发声物品放在家长身后。

❷ 家长敲击小鼓，孩子按照听到声音的次数把对应数量的小鱼放到小猫面前。听到一声放一条，听到两声放两条，以此类推。

进阶版

增加敲击的声音种类，要求孩子无论听到几种声音，都要按照总的声音次数做出反应。比如孩子听到1声铃声，2声鼓声，就需要给小猫3条鱼。

注意事项 发出的声音不要过大，不可以尖锐刺耳，以免孩子的听觉细胞受损。在背后敲击小鼓的时候不要让孩子看见，以免孩子根据家长的动作而不是声音去判断次数。每次只增加一种不同的声音，等孩子能熟练识别后再继续增加。

2. 听听这是谁的声音 _{2岁及以上}

　　这个游戏让孩子辨识各种不同的声音，旨在帮助孩子建立各种声音与意义的联系，同时把声音与词语结合到一起，也就是"听懂"声音。3岁以上学习语言比较困难的孩子可以多玩一玩。如果是语言能力发展得很好的孩子，2岁就可以开始玩。

游戏准备

❶ **训练重点**：辨识身边常见的不同的声音。

❷ **游戏场地**：安静的室内。

❸ **道具**：孩子熟悉的各种声音，比如爸爸妈妈说话的声音、各种动物的叫声、汽车或火车的声音、不同玩具发出的声音等的各种录音。

怎么玩

基础版

❶ 把各种录音一种一种放给孩子听。

② 让孩子听到声音后辨别分别是什么东西发出的声音。

③ 如果孩子说错，需要再放一次录音。

进阶版

同时放2种、3种或更多种声音，让孩子辨别。

注意事项 让孩子辨别的声音应当是孩子比较熟悉的。刚开始辨别同时发出的多种声音时，各种声音需要有较大区别。待孩子的听力发展得比较好以后，再让孩子辨别差别较小的声音。

3. 数字传真机 5~7岁

这个游戏让孩子记住爸爸妈妈说出的数字并且写出来，既能锻炼孩子的听觉识别和听觉选择能力，又能提高孩子的听觉记忆能力，适合5~7岁的孩子玩。除了亲子互动，这个游戏也适合孩子们聚会时一起玩。

游戏准备

❶ **训练重点**：短时间内高度集中注意力，记住数字的正确个数和顺序并记录。

❷ **游戏场地**：安静的室内。

❸ **道具**：每人1支笔、1张白纸。

怎么玩

基础版

❶ 爸爸妈妈在纸上写下一个5位数。

❷ 爸爸妈妈站在距离孩子5米左右的地方，读出这个5位数（孩子如果比较小，就挨个读出单独的数字；如果已经能理解多位数，就直接读出）。

❸ 孩子模仿传真机，将听到的
数字写在纸上。

5米

❹ 对照2张纸，看孩子是否正确记录。

进阶版

　　游戏方式不变，逐渐增加数字的位数以及爸爸妈妈与孩子之间的距离，还可
以增加干扰的声音，例如在玩的同时放电视节目。

**注意
事项**　游戏难度的增加要循序渐进，每次只增加一项。如果增加了数字的
位数，就不要同时增加距离或干扰的声音。爸爸妈妈也可以和孩子
轮流当传真机，增加游戏的趣味性。

4. 铃铛在哪里

这个游戏让孩子根据听到的声音判断铃铛的位置和节奏，主要锻炼孩子的听觉注意、听觉定向、听觉记忆能力，对3~6岁两只耳朵的听力发展不平衡的孩子特别有帮助。

游戏准备

❶ **训练重点**：感知不同方位发出的声音和节奏。

❷ **游戏场地**：安静的室内。

❸ **道具**：2个铃铛、1条毛巾。

怎么玩

基础版

❶ 大人和孩子面对面坐着，用毛巾蒙上孩子的眼睛。

❷ 大人拿着铃铛，分别在孩子的上、下、前、后、左、右等不同方位摇响。

❸ 让孩子指出铃铛的方位。

❹ 每3次为1组。如果孩子3次都猜对了，就和大人互换，即孩子摇铃，大人猜。

进阶版

　　大人和孩子每人1个铃铛，大人在摇铃铛的时候带上简单的节奏，孩子则要在相同的方位摇出相同的节奏。

注意事项　变换铃铛的方位时，动作要轻柔，尽量不要让铃铛在移动过程中发出声音。刚开始按节奏摇铃铛时，可以选用简单的节奏，比如：

×××｜○○｜×××｜○○‖

随着孩子能力的增强，再增加节奏的复杂程度。

5. 机器人画画

这个游戏让孩子根据听到的指令蒙眼画画，对提高孩子的听觉识别、听觉选择和听觉记忆能力有帮助。如果6~10岁的孩子在课堂上听不清老师讲的内容，可以多玩一玩这个游戏。蒙着眼画出来的作品往往非常有趣，会逗得孩子哈哈大笑。

游戏准备

① **训练重点**：基础版训练孩子根据指令蒙眼画画，进阶版训练孩子在较嘈杂的环境中辨析出自己需要听到的声音。

② **游戏场地**：室内。

③ **道具**：1条毛巾、图画纸、彩笔。

怎么玩

基础版

① 在安静的室内，把图画纸挂在墙上。

② 孩子用毛巾蒙上眼睛，拿着彩笔站在图画纸面前扮演机器人。

③ 大人站在孩子身后2~3米处，扮演遥控师。

2~3米

❹ "遥控师"用语言指挥"机器人"画画，比如："从左往右画直线，停下，笔往下移……"

（对话框）从左往右画直线，停下，笔往下移……

进阶版

　　游戏方式不变，但要增加一些其他声音进行干扰，例如在指挥孩子画画的同时放音乐或电视节目、与其他人聊天等。

注意
事项

在嘈杂环境中进行游戏，孩子很容易被干扰，听不清指令。这时候，可以适当缩短大人和孩子的距离，等孩子的辨析能力提高后，再将距离拉开。

6. 听文数字

这个游戏要求孩子一边听故事，一边记住某个特定的字出现的次数。这个游戏和机器人画画是同一种类型，重在提升孩子的听觉识别、听觉选择、听觉记忆能力。区别在于，这个游戏更适合10~12岁的大孩子，或是8岁及以上对文字、故事的接受能力比较强的孩子玩。

游戏准备

❶ **训练重点**：短时间内高度集中注意力，听到相同的字时记录数量。

❷ **游戏场地**：安静的室内。

❸ **道具**：若干小故事、本子、笔。

怎么玩

❶ 选一个小故事，挑出其中重复率比较高的一个字。

❷ 和孩子商量好用什么符号来做记录。

❸ 大人读故事，让孩子认真听，当听到那个字的时候就在纸上画一个符号。

大猫和小猫一起去河边捉鱼，途中遇到一只小猫，邀请它一起去。于是3只猫开开心心地一起去河边捉鱼了。

刚才一共出现了几次"一"呢？

④ 读完后，和孩子一起统计符号的数量，检验和文中该字的出现次数是否相符。

⑤ 如果不相符，需要再玩一次，直到孩子记录的数量和文中一致，再换下一个故事。

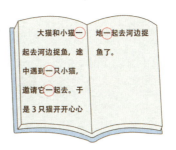

注意事项 讲故事的环境要安静，也不要有太多物品，以免分散孩子的注意力。可根据孩子的完成情况循序渐进地调整故事长短，刚开始时选择1~2分钟可以读完的短故事较好。

7. 排除"定时炸弹"

这个游戏让孩子在蒙眼的状态下，根据听到的声音判断闹钟的位置，对提升孩子的听觉定位能力很有帮助，还带有探险类游戏的特质，非常受6岁及以上的孩子欢迎。

 游戏准备

❶ **训练重点**：判断闹钟的位置。

❷ **游戏场地**：室内、室外皆可。

❸ **道具**：1条毛巾、1个闹钟。

怎么玩

基础版（6~8岁）

❶ 把闹钟设置为5分钟后响，藏在房间里。

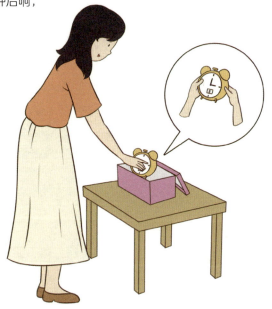

❷ 用毛巾蒙上孩子的眼睛，要求孩子靠听闹钟的指针走动声判断出它的位置。

❸ 如果孩子能够在闹铃响起来之前找到它，则任务完成。

进阶版（8岁以上）

　　游戏规则不变，房间里除了闹钟指针走动的声音，再在不同的位置增加音乐声、说话声等作为干扰。

　　要选择每秒都能够发出较响的"嘀嗒"声的闹钟。房间里的东西不要太多，以免孩子被绊倒。找闹钟时，爸爸妈妈要在一旁陪伴，帮助孩子排除潜在危险，也可出声干扰孩子，给予错误的指示，以增加孩子辨析闹钟指针走动声音的难度和游戏的趣味性。

8. 小小演奏家

这个游戏让孩子根据听到的音高和节奏找到对应的发出声音的杯子，重在提升孩子的听觉识别、听觉选择、听觉记忆能力，适合3~6岁的孩子。在孩子没有接受专业的音乐训练之前，这个游戏有助于他们建立不同音高、不同音长、不同节奏的概念。

游戏准备

❶ **训练重点**：辨析不同杯子发出的声音和节奏。

❷ **游戏场地**：安静的室内。

❸ **道具**：1根筷子，7个同样大小的玻璃杯子并编号为1~7，1条毛巾。若玩进阶版游戏，就需要再准备1根筷子和1套玻璃杯子。

怎么玩

基础版

❶ 往7个玻璃杯子里倒入不等量的自来水，让7个杯子在筷子的敲击下能够分别发出7种音高。

❷ 大人依次用筷子敲击杯子，让孩子熟悉
1~7号杯子分别对应的音高。

❸ 用毛巾蒙住孩子的眼睛。

❹ 大人随机敲击一个杯子，让孩子
说出是哪一个杯子发出的声音。

进阶版

准备2套有同样编号、对应同样音高的杯子。
大人和孩子背对背坐，各自使用1套杯子。大人按照
一定节奏和旋律敲击杯子，要求孩子照样敲出来。

注意事项 如果父母对控制杯子的音高没有把握，用钢琴、木琴这类乐器来做
这个训练也可以。让孩子模仿敲击时要注意不能让孩子看见父母敲
击的动作，只能用听觉去判断。模仿的节奏和旋律要遵循由易到难
的原则。

9. 故事排序

这个游戏需要孩子在听过一遍故事以后将故事图卡正确排序和复述故事，适合8岁及以上的孩子，除了可以训练孩子的听觉能力外，对提升孩子的逻辑推理能力、表达能力也有很大的帮助。

 游戏准备

❶ **训练重点**：把父母口头讲述的信息按照时间或者逻辑顺序回忆出来。

❷ **游戏场地**：室内、室外皆可。

❸ **道具**：一些有时间或者逻辑顺序的故事图卡（可以购买或自制）。

很久很久以前，天上有10个太阳。	河流干了，大地裂开了，庄稼也没办法生长。
1	**2**
忍受不了饥饿和酷热的百姓向天帝哭诉，天帝派神射手后羿到人间为民除害。	后羿来到人间，张弓搭箭，一射一个准，一共射落了9个太阳。人间这才恢复了正常。
3	**4**

怎么玩

❶ 父母按照顺序给孩子讲图卡上的故事。

> 很久很久以前，天上有10个太阳。河流干了，大地裂开……

❷ 讲完后拿出已经打乱顺序的图卡，让孩子按照父母讲述的顺序重新排列。

❸ 孩子看着排好顺序的图卡把故事复述一遍。

注意事项

故事要有明显的时间或者逻辑顺序，不要太长，图卡的数量也不要太多。刚开始玩的时候以100字以内的小故事、4张图卡为宜，后面根据孩子的成长情况可以酌情增加故事的长度和图卡的张数。

10. 夜间飞行

这个游戏模拟夜间或者在雾中迷失方向的飞机借助无线电导航的过程，让孩子蒙着双眼，根据哨声找到父母，既能锻炼孩子的听觉定向能力，又能培养孩子的勇气，适合6~10岁的孩子。除了亲子互动，孩子们聚会时也可以一起玩。

游戏准备

❶ **训练重点**：凭借短暂的哨音辨别方位。

❷ **游戏场地**：室外。

❸ **道具**：1条毛巾、1个哨子。

怎么玩

❶ 用毛巾蒙上孩子的眼睛后，让孩子原地转3圈。

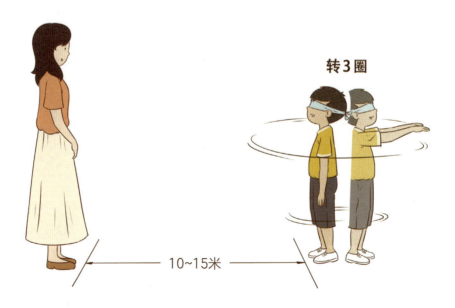

转3圈

10~15米

❷ 大人站在距离孩子10~15米的地方，每隔5秒快速吹一次哨子。

❸ 孩子循着哨声走近大人。

❹ 孩子触碰到大人，一轮游戏结束。

注意事项 游戏场地要平坦、空旷和安全。每次吹出的哨声要尽量短促。如果孩子胆子比较小，可以缩短距离，等孩子适应后再慢慢增加距离。如果很多孩子一起游戏，先触碰到吹哨子的人的孩子获胜。

11. 萝卜蹲 5岁及以上

　　这个游戏很常见，不过很多人并不知道，它也是个对发展听觉注意力很有益的功能性训练游戏。父母和孩子可以一起玩，人更多的时候还可以分组来玩。在游戏中，每个人扮演不同的萝卜，喊到谁谁就得蹲下。在欢快的游戏中，孩子的听觉注意会高度集中，动作的协调性也会逐渐增强。5岁及以上的孩子可以经常玩。

游戏准备

❶ **训练重点**：听到自己扮演的萝卜名称后下蹲。

❷ **游戏场地**：室内、室外皆可。

❸ **道具**：用各色卡纸制成的圆筒帽子。

怎么玩

❶ 参加游戏的人分别选择一顶帽子戴上，代表自己是与帽子颜色相同的萝卜，围成一圈或是排成一排。

❷ 猜拳决定谁来第一个喊口令。

❸ 口令员从自己开始喊口令，同时根据口令一边握拳向前平举一边下蹲，蹲一下向上抬一下双臂。喊到由哪种萝卜接着蹲的同时指向对应的游戏者，该游戏者就接着下蹲和喊下一次口令。

例如，第一个喊口令的是"红萝卜"，"红萝卜"边蹲边喊："红萝卜蹲，红萝卜蹲，红萝卜蹲完白萝卜蹲。"喊到"白萝卜蹲"时用手指"白萝卜"。

红萝卜蹲，红萝卜蹲，红萝卜蹲完白萝卜蹲。

"白萝卜"开始边喊边蹲："白萝卜蹲，白萝卜蹲，白萝卜蹲完绿萝卜蹲。"

喊口令的速度逐渐加快。

……

❹ 如果口令中的萝卜和指向的"萝卜"颜色不一致，喊口令的人被淘汰。如果是被指到的人没有接着边喊边蹲，则被淘汰。最后剩下的一人胜出。

注意事项 这个游戏人越多越好玩，爷爷奶奶也可以一起参与。还可以根据孩子的兴趣增加奖励与惩罚，比如输了的人原地转2圈，或是做一个蹲跳等。

12. 听听走走

这个游戏着重训练孩子对声音高低和长短的辨别，同时对听觉记忆能力也有一定的锻炼作用。基础版要求孩子根据听到的高低不同的声音做出前进或后退的动作，进阶版还要求孩子根据听到的长短和节奏不同的声音走不同的步数。大部分3~6岁的孩子都可以多玩这个游戏，听觉能力提升较缓慢的孩子在6岁以后也可以继续玩。

游戏准备

❶ 训练重点：根据听到的高低与长短不同的声音做出不同的动作。

❷ 游戏场地：室内、室外皆可。

❸ 道具：声音别太大的乐器，例如吉他、口琴、键盘琴玩具等。

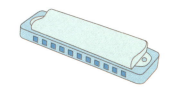

怎么玩

基础版

❶ 在地面上画一条线作为起点线，孩子站在起点线后面。

❷ 大人奏响乐器中间的一个音（例如吹响口琴的中部），让孩子认真听并且记住音高。

❸ 大人再奏响一个音。如果
当下的音比之前的音高，
孩子就往前走一步；如果
比之前的音低，就往后退
一步。

进阶版

　　游戏方式同基础版，除了音高变化，再增加声音
的长短变化，长音3步，短音1步。孩子如听到比上一
个音高的长音，就向前走1+3=4步，听到比上一个音
低的短音，就向后走1+1=2步。

难度再加1

　　游戏方式同基础版，增加节奏的变化，要
求孩子根据听到的音高和音长前进或后退，同
时走出相同的节奏。

**注意
事项** 为了呵护孩子的听觉器官，不可以使用声音太大的乐器，例如号、
架子鼓等。孩子的年龄越小，就要选择声音越小的乐器。

第四章

提升孩子视觉能力的
功能性训练游戏

Chapter 04

　　在孩子的日常生活和学习过程中，爸爸妈妈如果发现孩子有无法流利读书、反着写字、常抄错题或抄漏题、空间感知能力弱等情况，可能是孩子出现了视觉感统失调。本章介绍的12个针对视觉的功能性训练游戏，旨在帮助孩子改善视觉发育情况，提升孩子的学习力。

孩子上幼儿园时，看的更多的是图画，握笔和书写也更多依赖绘画的方式来练习。进入小学后，他们开始正式学习读书和写字。一些爸爸妈妈很快就会发现，自己忍不住发火的次数明显比孩子上幼儿园时多多了。

有的孩子会反着写字，数字、字母都是反写的"重灾区"。有的孩子甚至会把汉字的偏旁部首也反着写。不管怎么纠正，孩子都是当时改了，下一次还是会反着写。

有的孩子无法流利地读书，回家读课文读得结结巴巴，经常加字漏字、跳读漏读，甚至不按照书而是按照自己的想象来读。

有的孩子抄题时容易抄漏、跳行。老师在黑板上写了3项作业，孩子抄回家就变成2项，而且第一行的上半句接第二行的下半句，牛头不对马嘴。

还有的孩子总是记不住生字的正确写法，分不清楚形近的字、音近的字，学了的字转头就忘，听写难得满分不说，就连照着课本抄写，多一点、少一点、多一横、少一横的现象也时常发生。

……

爸爸妈妈大都会认为，出现这些问题是因为孩子做事太马虎，学习不够认真，很容易为此生气。其实，孩子出现类似问题，更多和他们的自然生长发育规律有关，并不完全是爸爸妈妈想的那样。

大多数的孩子在4岁左右都会出现反着写字的现象，学术上称之为"镜像书写"时期。出现这种现象和孩子视觉器官的发育和视觉能力的形成过程有关。只是4岁左右的孩子画画多、写字少，出现这种现象时一般不容易被爸爸妈妈发现。到了6岁上小学时，有的孩子视觉能力发育较快，已经度过了"镜像书写"时期，而有的孩子视觉能力发育较慢，暂时还停留在"镜像书写"时期，就容易出现上述让爸爸妈妈非常生气的现象。我们先来看看人的视觉发育过程。了解了这个规律后，爸爸妈妈再面对孩子的这些问题时，就会少一些焦虑，多一些宽容了。

人的视觉发育在生长过程中是不断发展与变化的，是一个渐进的过程。人的听力在幼年时期最好，随着年龄增长而逐渐衰退，但视觉能力的发展不一样。

如果捂住一只眼睛，只用一只眼睛来看世界，我们会发现物体近乎是平面的；换另一只眼睛看，我们就会发现，两只眼睛分别看到的范围不一样。只有两只眼睛同时能看到，且能够将分别看到的物像在大脑中合并，我们才能看到一个三维的世界，能辨别出其中的远近、景深、前后等，这就是我们的双眼视觉能力。

发育完成的双眼视觉能力包含了以下几个方面的能力：

1. 双眼对不同物像能同时接受的同时知觉能力；

2. 大脑综合两个不同的物像，使之在主观感觉上联合成一个印象的融合能力；

3. 辨别物体远近、前后的立体知觉能力。

虽然人在出生时眼球已经大体发育完成，但上述双眼视觉能力却并没有完全形成。

刚出生1星期左右的婴儿视力只有0.01~0.02，1个月大时，视力只有0.05~0.1。出生后的前3个月，宝宝很难注视一个完全不动的固定目标，而是会被移动的、鲜艳的、明亮的或发出响声的物体所吸引，有时还会"斜视"。这个阶段，宝宝无法区分平面和立体的物体，也无法感知距离和景深。

4~6个月大时，宝宝可以由近看远，再由远看近，近处物体的细微部位也能看清楚，对于距离远近及深浅的判断能力也开始发展。他们开始拥有立体视觉和双眼的视觉融合能力，获得正常的"双眼视觉"。

7~12个月大时，宝宝的视力发展迅速，进一步全面发展，能提升到0.2~0.3。

再往后，大部分孩子的视力会按照以下的进程逐渐提高。

3岁左右	0.5以上
4岁左右	0.6以上
5岁左右	0.8以上
6岁左右	1.0以上

　　3岁时，儿童眼球的立体视觉、大脑融合功能的建立基本完成。但是在4岁以前，大部分孩子的眼睛都还处在轻度的远视离焦状态，视力在0.6~0.8，只有个别的孩子视力会好于平均水平。这时候，他们能够感知空间和距离，但感知还不够完善，分不清楚左右、上下，就很容易出现"镜像书写"。

　　到了7~9岁，儿童的视觉器官基本发育完成，拥有正常的单眼视力、两眼相等的平衡视力、立体视力、双眼融合视力，形成"双眼视觉"，建立"立体视觉"，完全形成发育正常的视力。这时候，他们就能够对物体的形状、大小、方位等进行正确的辨识了。也是在这个阶段，我们会更容易观察到，有的孩子一眼就能从两幅大致相同的图画中找出细微差别，而有的孩子需要看很长时间才能发现。这种从一定距离感知和辨别细小物体的能力叫作视觉敏感度。因为身体发育情况不同，孩子们视觉敏感度的高低各不相同，差异较大是正常的。拥有良好的双眼视觉，视觉敏感度更高，能对视野内的物体迅速做出正确的辨识，认识到空间关系、距离以及正反，并配合语言功能产生正确的视觉概念的孩子，与同龄人相比能够更好地通过视觉来接收信息，在学习上就会更轻松一些。

　　而如果孩子的某项视觉能力形成得比较慢，或是视觉系统各个器官发育不够同步均衡，也就是我们所说的视觉感统失调，孩子通过视觉接收信息就会比别人吃力，学习就困难一些。比如双眼视差较大，出现把一个物体看成两个影的复视，就会大大削弱双眼的立体知觉能力，影响对空间的感知和动作的精确度与协调性。而如果孩子的视觉敏感度比较低，不容易看到物体的细微区别，或是能够看到但不能形成正确的视觉概念，就会出现多写一笔、少写一笔、记不住字的现象。

下图中不完整的字母是英国的平面设计师丹·布里顿专门创造的，爸爸妈妈可以据此更形象地感受到视觉感统失调的孩子看到的世界。

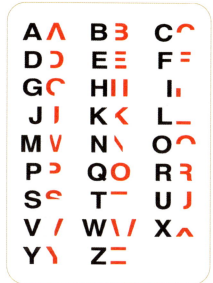

现在，爸爸妈妈应该明白为什么孩子会出现本章开头所说的那些问题了。如果孩子在7岁以后，还出现以下现象。

☐ "镜像书写"；

☐ 阅读中容易跳读、漏读，无法流利地阅读和理解；

☐ 学写字时学了就忘，经常多写一笔、少写一笔；

☐ 分不清形近字和音近字；

☐ 常抄错题或抄漏题；

☐ 难以辨别图像的细微差别；

☐ 对结构和空间认知困难。

建议爸爸妈妈先带孩子去医院全面检查视觉系统，看看是否出现器质性病变。如果所有器官没有病变，那么除了马虎粗心，孩子也有可能是出现了不同程度的视觉感统失调，例如双眼视觉能力发展不均衡、视觉敏感度不够等。这时候，与其发脾气、责备孩子马虎粗心，不如先联系感统失调与阅读障碍相关专业的人员，给孩子做个测评，准确判断孩子的问题，然后对症下药，对孩子进行视觉系统的专项辅助训练，帮助孩子提升视觉能力。为了帮助孩子在成长的过程中更快地形成更强的视觉能力，在孩子3~9岁的这段时间里，都可以多给孩子做些帮助他们准确地感知视觉空间，并把自己感知到的世界表现出来的训练。例如多玩玩对各种要素之间的关系进行感知和表达，以及在一个空间的矩阵中很快找出方向等游戏，可以帮助孩子提升双眼视觉能力与视觉敏感度，对孩子的后续学习和成长也会有帮助。需要提醒爸爸妈妈以下几点。

1. 游戏时间的调节非常重要。

视觉器官是非常脆弱的，游戏不同，孩子的眼疲劳时间也会不一样。爸爸妈妈一定要注意随时观察孩子在游戏中的表现。如果孩子频繁地眨眼，或是揉眼睛，就需要停止游戏，让孩子休息。除了特别标明玩耍时间的游戏外，玩其他游戏的过程中，即使孩子没有明显的眼疲劳表现，3~6岁的孩子最好一次也不要玩超过30分钟，6~9岁的孩子一次不要玩超过40分钟。

2. 视觉能力训练需要每天坚持，而且需要坚持很长时间。

孩子的视觉能力形成是一个漫长的过程，而且即使每天训练，也只能帮助孩子在正常时间内，或是稍微缩短一点点时间完成发育，孩子该经历的成长期不会直接跨过去。例如从3岁就开始进行视觉能力训练，4岁的时候孩子依然会经历"镜像书写"时期，只是坚持训练的孩子更容易在6岁以前正常度过这一时期。开始训练的时间越晚，孩子所需要的训练时间越长。这期间，面对孩子的各种状况，爸爸妈妈请给予足够的耐心和宽容。

1. 按顺序找数字

6~9岁

这个游戏适用于6~9岁的孩子，要求孩子在短时间内，对格子中打乱顺序的数字进行识别和排序，能帮助孩子拓展视野幅度，提高视觉的稳定性、辨别力和定向搜索能力，还能提高孩子的注意力。通常8岁左右孩子的完成时间是30~50秒，平均为40~42秒。其他年龄孩子的完成时间按照1岁差10秒的标准上下浮动。

游戏准备

❶ 训练重点：眼球在小范围内快速转动，按照顺序找出数字。

❷ 游戏场地：室内、室外皆可。

❸ 道具：6张正方形的纸，边长依次为15厘米、30厘米、45厘米、60厘米、75厘米、90厘米，每一张纸上都绘制一个表格，包含25个大小相同的正方形格子，1~25的数字贴一套。

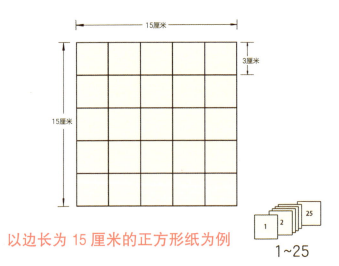

以边长为 15 厘米的正方形纸为例

1~25

怎么玩

基础版

❶ 把表格贴在孩子能平视的地方。随机将数字贴打乱，然后贴到表格里。一个格子一个数字。

❷ 让孩子用最快的速度从1到25依次取下数字贴。

❸ 在孩子取数字贴的同时开始计时，看孩子能在多长时间内正确完成。

进阶版

从最小的表格开始玩，让孩子练习到能够在50秒以内正确完成游戏，再换大一号的表格。等到6个表格上的游戏孩子都能熟练完成后，再将完成时间缩短，练习在40秒内完成每张表格上的游戏，以此类推。

注意事项

表格需要贴在孩子伸直手臂就可以取下所有数字贴的位置。给表格覆膜或者用透明宽胶带贴一遍，既不容易损坏又方便孩子反复粘贴数字贴。用磁吸数字贴和磁性黑板来练习也是很好的选择。如果孩子完成得不好，请找到他每次进步的地方鼓励他。

2. 坚果去哪儿了

　　这个游戏让孩子找出坚果藏在哪个碗里，3~9岁的孩子都喜欢玩。孩子要非常认真地看，保持注意力高度集中才能胜出。这不仅能锻炼孩子的视觉敏感度，对提升孩子的专注力也有帮助。如果孩子喜欢吃零食，玩这个游戏还能控制孩子的进食量。

游戏准备

❶ 训练重点：观察快速移动的小碗并记住其位置。

❷ 游戏场地：室内、室外皆可。

❸ 道具：3个方便移动的小碗，孩子喜欢吃的坚果类零食若干。

怎么玩

基础版

❶ 将3个小碗间隔15厘米并排放在桌上。

❷ 在其中的1个碗里放上1粒坚果，并让孩子记住。

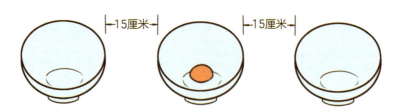

❸ 将小碗倒扣，大人随意
变换3个碗的位置。

❹ 大人停下来后，让孩子猜出坚果在哪个碗里。

❺ 翻开3个碗，如果孩子猜对了，坚果就是孩子
的奖品。

进阶版

玩法不变，增加小碗的数量，加快变换碗的位置的速度。

注意
事项
如果孩子一开始玩3个碗都很容易错，可以从2个碗开始。坚果不要太
大，以便随着小碗一起移动，且要不容易在碗壁上撞出声音。在开始
以前可以和孩子商量好玩的次数，比如每天只玩10次或者15次，以便
控制孩子的进食量。

3. 我是大侦探 3~6岁

这是蒙特梭利的托盘游戏的一种，适合3~6岁的孩子。这个游戏要求孩子在短时间内记住托盘中所有的物品，并且能够发现被拿走的物品。经常玩一玩，可以锻炼孩子的视觉记忆，提升孩子的视觉敏感度。如果6岁以上的孩子想进行视觉记忆的强化训练，可以把托盘内的物品数量增加到30~40个。

游戏准备

❶ 训练重点：快速记住看到的所有物品，并发现被拿走的物品。

❷ 游戏场地：室内、室外皆可。

❸ 道具：1个大托盘、20~30个不同的小物品。

怎么玩

❶ 把多个小物品放在托盘上。

❷ 给孩子1分钟时间，观察记忆托盘上所有的物品。

宝贝，用1分钟时间记住所有东西及它们的位置。

❸ 让孩子捂住眼睛，大人迅速
拿走其中一个物品。

❹ 让孩子放下双手并睁开眼，
说出被拿走的是什么，原本
放在什么位置。

❺ 孩子如果说对了，就得到这
个物品作为奖励。如果说错
了，就把这个物品放回托
盘，重新进行游戏。

❻ 等到托盘里的物品只剩下5
个时，这一轮游戏结束。

注意
事项
选择的物品可以是孩子的小玩具、小零食或是卷笔刀这类小巧又五
颜六色、容易引起孩子玩耍兴趣的物品。孩子捂住眼睛时，要确保
其无法偷看到大人的动作。

4. 移动写字  5~7岁

这个游戏要求孩子看清楚不断移动的生字卡，并且把上面的生字照着写下来。每天玩一会儿，可以帮助孩子的眼部肌肉进行收缩和舒张练习，促使孩子的眼部肌肉朝着精细调节的方向发展，从而提高孩子的视觉差别感受力。对5~7岁，刚开始学习认字、写字的孩子来说，是一举多得的练习。

游戏准备

❶ **训练重点**：看清楚远近不同的字，并且照着写下来。

❷ **游戏场地**：室内。

❸ **道具**：不同大小的生字卡片、铅笔、作业本或者其他可写字的纸张。

怎么玩

❶ 让孩子坐在书桌前面，桌上准备好铅笔、写字的本子或纸。

❷ 大人站在孩子的对面，将一张生字卡在孩子眼前由近到远移动。

30厘米

❸ 让孩子在生字卡片移动的过程中仔细观察生字的笔画结构，并在本子上临写出来。

后退一段距离

注意事项 ▶ 生字卡片从离孩子30厘米处开始移动，与孩子的最远距离不超过5米，移动的速度不能太快或者太慢。要从简单的生字开始，随着练习的深入，再选择较难的生字。每练习3分钟需要闭眼休息1分钟，防止眼睛过度疲劳。5岁的孩子一次临写不超过10个字，每增加1岁，可以增加不超过5个字。

5. 来找碴儿

　　拼图是孩子很喜欢的游戏。选择孩子喜欢的图案的拼图，做出小小的改变，让孩子找出拼错的部分，不但可以训练孩子的专注力、观察力，对提升他们的视觉敏感度也很有好处。3~9岁的孩子都可以玩这个游戏，根据年龄大小选择不同难度的拼图即可。

游戏准备

❶ 训练重点：找出放错位置的拼图。

❷ 游戏场地：室内、室外皆可。

❸ 道具：图案简单且孩子喜欢的拼图。

怎么玩

基础版

❶ 将20块装的拼图拼好。

❷ 让孩子在1分钟内记住已经拼好的图案。

用1分钟时间记住每块拼图位置。

❸ 让孩子捂住眼睛，大人选择其中2块形状相同，但图案有区别的拼图对调位置。

❹ 给孩子计时，看看用多少时间能够找出换了位置的拼图。

进阶版

　　如果孩子能够在10秒内快速找到被调换的拼图，可以增加拼图的块数和图案的复杂程度，也可以一次改变4块拼图的位置。

注意
事项

　　刚开始玩时要选择简单但色彩丰富鲜艳、孩子喜欢的拼图图案。随着孩子年龄增长和能力提高，拼图的图案复杂程度和块数再逐渐增加，时间也可以适当延长。

6. 颜色配对

3~9岁

这个游戏让孩子通过辨析手里的卡片和色相环上的相同颜色来进行色彩的感知和辨识。3~9岁的孩子可以经常练习，对提高色彩感知能力和视觉敏感度很有帮助。

游戏准备

❶ **训练重点**：在色相环上找到和手里的卡片相同的颜色。

❷ **游戏场地**：室内、室外皆可。

❸ **道具**：50厘米见方的12色色相环挂图，直径2厘米的配套小圆片色卡。

怎么玩

基础版

❶ 把色相环挂图挂在孩子伸直手臂能够触摸到的平视位置。

50厘米

❷ 打乱小圆片色卡，让孩子任意抽取一张。

❸ 让孩子在色相环上找到与抽取的圆片色卡颜色相同的位置，将圆片色卡贴上去。

❹ 将所有圆片色卡都贴在正确位置后，一轮游戏结束。

进阶版

颜色配对从12种颜色开始。如果孩子能够很快完成正确配对，就可以增加颜色的种类，做24色的颜色配对，然后是48色的，以此类推。

注意事项 为了让孩子对色彩的认知更准确，建议用专业色卡海报作为游戏道具。如果找不到，也可以用白卡纸打印色相环和配套圆片色卡，然后贴在硬纸板上制作。

7. 寻宝 3~6岁

这是一个很有趣的亲子游戏，让孩子根据爸爸妈妈说的方位词来寻找被藏起来的物品，很适合3~6岁的孩子玩。几乎所有的孩子都喜欢捉迷藏和寻宝。利用方位词进行引导，可以帮助孩子将视觉图像和方位概念进行更好的连接，建立更好的空间感知。

游戏准备

❶ 训练重点：根据方位词的引导找到事前藏起来的物品。

❷ 游戏场地：室内。

❸ 道具：任意可以被藏起来的小物品。

怎么玩

❶ 和孩子一起，选择一个房间作为游戏场地，再选择一个用来藏的物品。

❷ 让孩子走出房间不可以偷看。

❸ 父母将物品藏在房间的某处。

④ 让孩子进房间，猜东西藏在哪里。

⑤ 父母针对孩子猜测的地点，用"前、后、左、右、内、外、上、下"等方位词描述藏物品的位置。孩子按照描述一步一步推断出物品的隐藏地点。

⑥ 如果孩子最后能够猜出正确的地点，表示游戏胜利，和父母对换藏与猜的角色，进行下一轮。如果没能猜出，表示失败，再重新玩一次。

 注意事项 被藏的物品大小要适中，既便于被藏起来，也便于孩子最后能看到并找到。可以在客厅、卧室玩；为了孩子的安全，最好不要在厨房和卫生间玩。

8. 给十字路口画地图

这个游戏需要让孩子用画地图的方式，将在十字路口看到的景物和自己的位置关系记住，再准确表达出来，适合6~9岁的孩子。虽然难度比较大，但对建立良好的空间视觉与提升视觉记忆有很好的帮助。由于这个游戏需要在室外进行，爸爸妈妈的看护与共同参与尤其重要。

游戏准备

❶ 训练重点：将观察到的各种标志物和标志建筑准确地描绘到地图上。

❷ 游戏场地：室外。

❸ 道具：白纸、彩色笔。

怎么玩

❶ 带孩子到十字路口，让孩子先辨认东南西北，然后仔细观察远、近、左、右、前、后各个方向的景物，选择好标志物和标志建筑。父母负责拍照。

② 回家后，让孩子在纸上画出十字路口的地图，标注出标志物和标志建筑。

③ 地图绘制完成后，与照片对比，看是否正确。

④ 如果不正确，需要再次去观察、记忆、绘制。

⑤ 如果完全正确，就可以绘制范围更大、内容更丰富的地图。

孩子画的地图 　　　　　　　　　　　　照片

注意事项 在十字路口观察时要特别注意安全。刚开始，孩子能记住的标志物和标志建筑可能不多，回家后容易忘记。父母可以用引导的语言，比如"这家书店的左边还有什么呀？"来帮助孩子回忆。如果孩子年龄比较小，父母也可以帮忙画出十字路口、各个标志物和标志建筑的轮廓，让孩子完成填色和标注名称的工作。

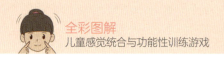
9. 送小动物回家

许多孩子都很喜欢小动物，喜欢去逛动物园。每次去了动物园，回家后都可以玩一玩这个在地图上找到对应的动物场馆的游戏，既帮助孩子梳理记忆，锻炼口语表达的能力，又可以提升孩子对空间、位置的感知与认识。3~9岁的孩子都可以玩这个游戏，年龄小的孩子只需记住自己喜欢的动物场馆的位置，年龄大的孩子要记住更多的动物场馆的位置。

 游戏准备

❶ 训练重点：记住每个动物场馆的具体位置，并能够正确回忆出来。

❷ 游戏场地：室内、室外皆可。

❸ 道具：白纸、彩色笔。

怎么玩

❶ 带孩子去动物园玩时，要求孩子有意识地记住动物场馆的相对位置。父母拍下动物园地图的照片。

❷ 回家后，父母帮助孩子先画一张动物园的地图，注意不要标注动物场馆的名称。

❸ 让孩子回忆动物园里都有哪些动物，分别画出来（或者打印图片）并剪下来。

❹ 让孩子将动物的图片贴到对应的场馆上。

注意
事项
有的场馆里不止一种动物，比如鸟类馆，就不用罗列所有的，可以只选择其中的一两种动物。如果当地的动物园太大、动物太多，可以每次让孩子重点观察和记忆一部分，下次去再记忆另外一部分，分几次来完成地图。

10. 抓"子儿"

　　这是一个古老的游戏，要求孩子按照规则抓住相应的"子儿"，世界各国都有不同的版本。这个游戏对提升孩子的空间感知能力、手眼配合能力和注意力都非常有效，更适合6~9岁的孩子单独玩或对战，当然也可以亲子互动，不过爸爸妈妈未必能胜过孩子。

 游戏准备

❶ **训练重点**：手眼配合，按照规则抓住应该抓住的"子儿"。

❷ **游戏场地**：室内、室外皆可。

❸ **道具**：3根塑料吸管、剪刀、细绳。

　　把塑料吸管剪成0.3~0.5厘米一节的小圆管，用细绳串成3个小圆环作为游戏的"子儿"。

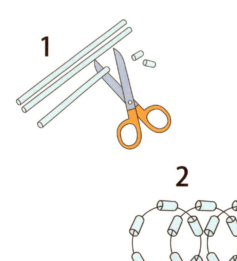

怎么玩

基础版

第一局

❶ 一把将2个"子儿"同时轻轻撒在面前的桌上。

❷ 抓起1个"子儿"，向空中抛起，然后在"子儿"落到桌面之前，用同一只手先抓起桌上剩下的那个"子儿"，再接住落下的"子儿"。

❸ 把2个"子儿"同时轻轻向空中抛起，然后迅速翻转手掌，用手背同时接住2个"子儿"。

④ 将手背上的2个"子儿"同时轻轻
向空中抛起，在"子儿"落到桌面
之前，从上往下一把抓住。

第二局

❶ 一把将2个"子儿"同时轻轻撒在面前的桌上。

❷ 抓起1个"子儿"，向空中抛起，然后在"子儿"落到桌面之前，用同一只手先抓起桌上剩下的那个"子儿"，再接住落下的"子儿"。

❸ 把2个"子儿"同时轻轻向空中抛起，然后迅速翻转手掌，用手背同时接住2个"子儿"。

❹ 将手背上的2个"子儿"同时轻轻向空中抛起，然后在"子儿"落到桌面之前，先从上到下抓住1个"子儿"，再翻转手掌，从下往上接住另一个"子儿"。

1

2

3

137

第三局

❶ 一把将2个"子儿"同时轻轻撒在面前的桌上。

❷ 抓起1个"子儿"，向空中抛起，然后在"子儿"落到桌面之前，用同一只手先抓起桌上剩下的那个"子儿"，再接住落下的"子儿"。

❸ 把2个"子儿"同时轻轻向空中抛起，然后迅速翻转手掌，用手背同时接住2个"子儿"。

❹ 将手背上的2个"子儿"同时轻轻向空中抛起，在"子儿"落到桌面之前，从上到下分两次依次抓住2个"子儿"。

进阶版

第一局

❶ 一把将3个"子儿"同时轻轻撒在面前的桌上。

❷ 抓起1个"子儿"，向空中抛起，然后在这个"子儿"落到桌面之前，用同一只手抓起桌上剩下的2个"子儿"，再接住落下的1个"子儿"。

❸ 把3个"子儿"同时轻轻向空中抛起，然后迅速翻转手掌，用手背同时接住3个"子儿"。

❹ 将手背上的3个"子儿"同时轻轻向空中抛起，在"子儿"落到桌面之前，从上到下一把抓住。

第二局

❶ 一把将3个"子儿"同时
轻轻撒在面前的桌上。

❷ 抓起1个"子儿",向空中抛
起,然后在这个"子儿"落到
桌面之前,用同一只手先抓起
桌上剩下的2个"子儿",再接
住落下的1个"子儿"。

❸ 把3个"子儿"同时轻轻向空中抛
起,然后迅速翻过手掌,用手背同
时接住3个"子儿"。

④ 将手背上的3个"子儿"同时轻轻向空中抛起，然后在
"子儿"落到桌面之前，先从上到下抓住1个"子儿"，
再翻转手掌，从下往上接住另外2个"子儿"。

第三局

❶ 一把将3个"子儿"同时轻轻撒在
面前的桌上。

❷ 抓起1个"子儿"，向空中抛起，然后
在这个"子儿"落到桌面之前，用同一
只手抓起桌上剩下的2个"子儿"，再
接住落下的1个"子儿"。

❸ 把3个"子儿"同时轻轻向空中抛
起，然后迅速翻转手掌，用手背同
时接住3个"子儿"。

❹ 将手背上的3个"子儿"同时轻轻向空
中抛起，在"子儿"落到桌面之前，从
上到下分3次依次抓住3个"子儿"。

注意
事项

"子儿"的大小要适中，以能套在爸爸妈妈并起来的4根手指上为
宜。如果是亲子游戏或是小朋友们对战，某一局中有"子儿"落到桌
面上，没有接住，或是接的顺序错了，就需要换人游戏。能连续完成
3局则积1分。等到游戏结束时，积分高的人获得最后的胜利。如果是
孩子独自玩，可以鼓励孩子创编出更多的花样。

11. 涂涂看

这个游戏和普通的涂色游戏不同，不是让孩子自由涂色，而是需要模仿例图，找到相同颜色的水彩笔来完成自己手里的画的对应区域的涂色。这样的调整是为了训练孩子对色彩的感知和辨识，提高孩子的色彩感知能力和视觉敏感度，适合3~6岁的孩子玩。

游戏准备

❶ **训练重点：**找到与例图中颜色相同的笔，并完成自己的画中对应区域的涂色。

❷ **游戏场地：**室内、室外皆可。

❸ **道具：**2幅图案相同的画（1幅涂了色，1幅没有涂色）、水彩笔。

怎么玩

❶ 给孩子准备2幅图案相同的画，1幅涂了色的作为例图，1幅未涂色的给孩子。

❷ 让孩子对照例图，找到相同颜色的水彩笔，涂好自己手里未涂的画中对应的区域。

注意事项

刚开始玩时，例图的图案可以选择较简单的，颜色不宜过多（12色水彩笔能涵盖为宜），色块也要比较大。等孩子对色彩的辨识能力较强后，再增加颜色的种类。

12. 小纸板回家

　　这个游戏需要孩子找到从大纸板的对应位置剪下的小纸板，并且将剪下的小纸板放回该位置，目的是增强孩子对大小和形状的视觉感知能力，促进孩子立体视觉的发展。建议孩子从3岁起一直到6岁，每天都抽一点时间玩。

游戏准备

❶ **训练重点：**找到从大纸板对应位置剪下的小纸板。

❷ **游戏场地：**室内、室外皆可。

❸ **道具：**3张30厘米×40厘米的硬质纸板，厚度分别为0.5毫米、1毫米、2毫米（可以把几张薄的纸板粘在一起变成厚的）；美工刀。

　　在每一张大纸板上用美工刀刻出三角形、正方形、圆形、长方形等不同大小、不同形状的图形，并把相应的小纸板取下。

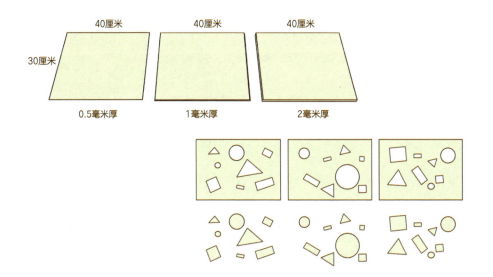

怎么玩

基础版

❶ 取最薄的一张大纸板。

❷ 将从这张大纸板上取下
的小纸板打乱。

❸ 让孩子将取下的小纸板放回大纸板上
相应的位置。

❹ 将小纸板全部正确放完后，换下一张
厚一点的大纸板继续。

进阶版

将从3张大纸板上取下的小纸板混在一
起，3张不同厚度的大纸板并排放在桌上同
时玩，玩法同基础版。

注意事项

大纸板要较硬而且平整。小纸板的大小和形状可以都不同，但都要方
便孩子拿取。如果有托盘，可以将所有的小纸板都放在托盘里，划定
孩子的游戏范围，这样效果会更好。

提升孩子注意力与记忆力的
功能性训练游戏

—————— Chapter 05

孩子做作业磨磨蹭蹭、写几个字就开始玩手边的东西、动来动去无法安静……这都是孩子的注意力不集中导致的。注意力不集中往往会导致孩子记忆力不好，学过的知识记不住，从而无法取得理想的成绩。本章介绍的15个提升孩子注意力与记忆力的功能性训练游戏，旨在提升孩子的学习力。

很多爸爸妈妈都跟我抱怨过以下问题：

孩子在家做作业，一会儿要喝水，一会儿要上厕所，一会儿笔不见了，一会儿橡皮没了，就是不能老老实实坐着写作业；

孩子一做作业就不停地提问，一会儿字不认识了，一会儿题不会做了，一会儿知识点想不起来了；

孩子自己在书桌前坐着，看上去也没有玩，可是一小时过去了，作业本上只写了几个字；

屋里安安静静的，以为孩子在乖乖写作业，结果进屋一看，孩子正拿着iPad玩；

孩子学习的时候，大人说吃饭了，书本一丢，跑得比兔子还快，玩手机的时候，喊到发火了他都不舍得动一下；

……

孩子的问题林林总总，大多数家庭都是"不说学习，母慈子孝；一做作业，鸡飞狗跳"。爸爸妈妈工作一天回到家，本就身体疲惫，心力交瘁，还要强打精神给孩子做饭打扫，再看到孩子的这些问题，谁还能忍得住？

这些在家里学习习惯差的孩子往往在学校里也会出现类似的现象。他们很难专注于听课和学习，注意力容易被分散，在课堂上完不成学习任务，回家后问题就更多了。我们还发现，注意力不容易集中的孩子，往往记忆力也不太好，学过的知识记不住，容易忘，成绩自然也不太理想。要知道，注意力和记忆力之间，是有联系的。

"注意"是人的感觉（视觉、听觉、味觉等）和知觉（意识、思维等）同时对一定对象的选择指向和集中（对其他因素的排除），是人类有意识地自觉主动地获取信息，学习知识和技能的根本手段。

我们平时所说的注意力，包含了只选择关注一个而忽略其他刺激的注意选择能力、将注意保持一定时间的注意持续能力和对2种或2种以上的刺激物进行同时注意的注意分配能力。在一大堆事物中，每个孩子会注意到什么、会同时关注到多少种不同的事物，以及这些注意能持续多长时间，与这些事物自身的特点和孩子的主观因素都有关系。因此，不仅是孩子之间会有差别，就是同一个孩子，在不同的时期和不同的环境中，注意力集中的时间都不一样。

通常，不同年龄的孩子能集中注意力的时长大致遵循以下规律逐步增加：

1 岁以下	15 秒左右
1~2 岁	5~7 分钟
3 岁	8 分钟左右
4 岁	12 分钟左右
5 岁	14 分钟左右
6~9 岁	20 分钟左右
10~12 岁	25 分钟左右
12 岁以上	30 分钟

在幼儿园和小学阶段，每节课的时长为30~40分钟，而且会把老师的讲授和孩子们的活动，以及完成作业都穿插起来，就是依据儿童注意力发展规律来设置的。

记忆力是识记、保持、再认识和重现客观事物所反映的内容和经验的能力。

6岁以前，儿童的记忆以无意识记为主。记忆前没有预定的目的，也不需要做意志努力。只要是直观、形象、有趣味、能引起强烈情绪体验的事物大都能引起孩子的自然注意，孩子自然而然地就会记住。

6岁进入小学后，孩子需要开始学习有意识、有目的地识记，需要记忆的材料也从形象有趣的往抽象枯燥的转换。从无意注意转向有预定目的、需要做一定努力的有意注意，这一阶段也是儿童记忆发展过程中最重要的质变阶段。

在整个过程中，对孩子来说，形成有效记忆的基础之一就是保持注意力的集中。面对同样的识记材料，注意越集中，保持时间越长的孩子，能记住的东西就越多。要是离开了对识记材料的注意，记忆就不会产生。简单来说，注意是记忆的基础，记忆是注意的结果。注意力不够好的孩子，往往记忆力也会偏弱。

听力、视力、注意力与记忆力共同构成了孩子与外界信息互动的基本能力。孩子只有在各个方面都发展良好，才能取得良好的学习效果。与听力、视力不同的是，孩子的注意力和记忆力的提升受后天生活环境与生活习惯的影响更大，从小注重训练的孩子，注意力和记忆力都会明显优于完全顺其自然发展的孩子。所以，为这个阶段的孩子提供一些色彩鲜艳、形象丰富具体，并且富有感染力的识记材料，使材料本身就能吸引孩子，然后将识记任务以游戏而不是任务的方式呈现，对充分发展孩子的无意识记和机械识记能力，促进孩子有意识记和意义识记能力的发展都很有帮助。

本章介绍了一些教育界沿用多年，对入学后难以集中注意力完成学习任务的孩子有用的游戏。如果孩子出现以下现象，不妨多玩一玩。

☐　做作业的过程中时不时向爸爸妈妈提出各种要求；

☐　做作业时会突然进入发呆的状态；

☐　写几个字就开始玩手边的各种东西；

☐ 3岁以上，不能保持完全静止不动的坐姿或站姿1分钟以上（每增加1岁，保持时间应增加1分钟）；

☐ 认真写作业时，腿部或身体的其他部位会不自觉地动；

☐ 同时对2件事保持注意有困难，比如听写词语或短句时，写一两个字就忘记了后面的；

☐ 看喜欢的动画片时也不能坚持坐好，会不停地在沙发或椅子上变换坐姿；

☐ 听爸爸妈妈讲故事时，会一边听，一边玩衣服、笔、小玩具等物品。

在带着孩子一起玩的过程中，爸爸妈妈需要注意以下事项。

1. 给孩子一个安静有序的环境，让孩子一次只做一件事。

在杂乱无章的环境中，难以培养出一个专心致志的孩子。因此，爸爸妈妈需要教会孩子从小就把不同的东西放在合适且固定的地方，需要时才可以立刻找到。让孩子随时待在一个整洁有序且安静的环境中，即使是玩游戏，一次也只做一件事情，可以最大限度地帮助孩子减少分心的时间。

2. 尊重孩子的个体差异，耐心等待孩子成长。

在游戏的过程中，爸爸妈妈会发现，每个孩子的兴趣方向、注意力保持的时间都不同。自家孩子有可能和同时开始游戏的其他同龄孩子有差异；玩游戏几

151

个月以后，孩子的注意力明明已有提升，又突然开始容易分散；再过几个月，孩子的注意力又变得容易集中，而且这一次，注意力集中的持续时间会比上一次更长。然后，这种分散再集中的过程又开始重复。之所以出现这样的反复，是因为孩子的注意力提升呈螺旋式上升的形态，这是他们成长的自然规律。这种起起落落的现象在很长的时间里会反复出现，要到成年以后才能真正稳定。当发现孩子的注意力又容易分散时，爸爸妈妈不用太担心和焦虑，只要根据孩子的情况变化及时进行游戏时间和内容的调整，对孩子完成任务的情况给予及时的肯定和赞扬，以提高孩子的游戏积极性与主动性，每天坚持玩一玩，那么，在一次次的起伏过程中，孩子的注意力就会越变越强。

1. 穿针引线

3~12岁

这是一个托盘游戏，让孩子用一根线把很多针都穿在一起，通常不需要大人过多地讲解。孩子只要看到托盘，就能知道自己要干什么。玩这个游戏，注意力要非常集中，才能将线穿过细小的针孔，对孩子的视觉能力、注意力和手指的精细运动都有很好的训练效果。3~12岁的孩子都可以玩一玩，区别只在于年龄越大，针线就应越细，针与线的距离也越远。

游戏准备

❶ **训练重点**：把线穿过针孔。

❷ **游戏场地**：室内、室外皆可。

❸ **道具**：不同型号的缝衣针，每个型号20根，1卷缝纫线、1个分格托盘。

怎么玩

基础版（3~5岁）

❶ 把针线放在托盘的不同分格中，要求孩子在托盘的范围内玩。

❷ 要求孩子用1根线把20根相同型号的针穿在一起。

进阶版（6~12岁）

　大人一手拿针，距离孩子30厘米，让孩子一手拿线，去穿大人手上的针。

注意事项

先穿最粗的针，待到孩子能够在1分钟之内熟练完成后，再换细一点的针。年龄较大的孩子玩进阶版游戏时，不论是大人还是孩子，都只能用一只手，不能用另一只手辅助。拿针的人需要尽量保持不动。

2. 大海里的珍珠

　　这个游戏让孩子在一间大屋子里找到一张粘在墙上的小纸片，需要有非常敏锐的观察力才能取得胜利，适合3~8岁的孩子。这个游戏最少需要3个人才能玩，非常适合爸爸妈妈和孩子一起玩。更让孩子开心的是，爸爸妈妈不一定总会胜利。

游戏准备

❶ 训练重点：在游戏区域内找到小纸片。

❷ 游戏场地：室内。

❸ 道具：1张图钉大小的硬纸片、双面胶。

怎么玩

❶ 选择一间屋子作为游戏区域。

❷ 站在屋外，当裁判的人进屋将小纸片用双面胶随意粘在墙上某处。

③ 裁判说"开始"后，参加游戏的人进入屋内找小纸片。

④ 最先找到的人胜出，并担任下一轮游戏的裁判。

 注意事项 爸爸妈妈做裁判时，小纸片不要粘得太高，也不要靠近插座、开水瓶等物品，尽量粘在孩子够得着的安全位置。小纸片的颜色和墙面的颜色尽量相近。

3. 蛛丝马迹

这个游戏是让孩子找出房间里被改变了的陈设布置，很适合6~12岁的孩子，不仅能帮助孩子快速熟悉房间里各种物品的位置，对孩子的观察力、记忆力也有很好的锻炼效果。

游戏准备

❶ **训练重点**：发现房间里的变化。

❷ **游戏场地**：室内。

❸ **道具**：无。

怎么玩

❶ 选择一个房间作为游戏区域。

❷ 让孩子仔细观察房间里的物品
及其位置，观察好以后离开这
个房间。

❸ 爸爸妈妈迅速移动房间里的物
品或改变摆设的状态。例如：
将桌面上的笔筒放进抽屉，在
书桌上放一个水杯等。

笔筒不见了，书
桌上多出一个水杯。

❹ 布置好后让孩子进入房
间，说出哪些地方被改
变了。

 **注意
事项**　一次移动或改变的物品不要太多，有的可以较明显，让孩子一眼就
能发现；有的要毫不起眼，不容易被发现。为了确保孩子的安全，
最好在客厅、卧室、书房玩这个游戏，不要在厨房和卫生间玩。

4. 蒙眼运豆  8~12岁

这个游戏是在蒙住孩子眼睛后，让他根据指令用筷子去夹豆子，难度比较大，适合8~12岁的孩子。如果年龄较小的孩子想玩，又不能很熟练地运用筷子，也可以降低难度，先用手拿豆子。玩这个游戏，需要孩子在一段时间内保持注意力高度集中，在仔细听指令的同时兼顾手部的细微动作。孩子通过自己的努力，经受一次次挫折后完成任务，会收获很强的成就感，集中注意力的能力也会在不知不觉中提高了。

游戏准备

❶ **训练重点**：按照听到的指令，将碗里的豆夹到另一个碗里。

❷ **游戏场地**：室内、室外皆可。

❸ **道具**：20颗干黄豆（或其他豆子）、1双筷子、2个碗、1条毛巾。

怎么玩

基础版

❶ 用毛巾给孩子的眼睛蒙上，让其拿上筷子。

❷ 把豆子装在一个碗里，另一个碗并排放在旁边约15厘米处。

15厘米

往左移……

❸ 爸爸妈妈发出指令，指导孩子用筷子将豆子一颗颗夹到空碗里。

进阶版

可以把空碗换成矿泉水瓶，让孩子将豆子从碗里夹到矿泉水瓶里。也可以加大2个碗之间的距离。

注意事项 刚开始玩时，孩子失败的次数有可能会比较多，容易产生挫折感。爸爸妈妈可以适当减少豆子的数量，还要多鼓励孩子。指令要尽量准确、详细，帮助孩子顺利完成。

5. 分豆子

这个游戏是让孩子把混在一起的各种豆子分开，既能帮助孩子安静地坐下，又能锻炼孩子的专注力，3~8岁的孩子都可以玩。如果孩子自己单独玩，应当减少豆子的数量，以免量大了不容易完成。如果和爸爸妈妈一起进行双人比赛，孩子的兴趣会更大。

游戏准备

❶ **训练重点**：分开混在一起的各种豆子。

❷ **游戏场地**：室内、室外皆可。

❸ **道具**：干黄豆、干绿豆等各种豆子、几个杯子、1个大碗、2双筷子。

怎么玩

单人版

❶ 准备2种豆子，每种各10克，倒入大碗混合。

❷ 让孩子用筷子夹起豆子，并按
种类分装到不同的杯子中。

孩子如能在10分钟内轻松完
成2种豆子的分拣，可以增加
游戏的难度，分拣3种或4种
豆子。

双人版

❶ 准备4种豆子，每种各15克，倒入大碗混合。

❷ 游戏双方各分拣2种豆子，并分别放入2个杯子中。

❸ 先分拣完的人获胜。

**注意
事项**　第一次玩时，如果孩子表现出畏难、不想玩的情绪，可以减少豆子的
分量，从每种5克开始玩。竞争也是一种好办法，能激励孩子坐下来
认真坚持10分钟以上。豆子要大小近似，颜色差别明显。黄豆、绿
豆、赤小豆、黑豆等都可以，最好不要选择太大的白芸豆之类。如果
孩子年龄比较小，用筷子还不够熟练，可以先用手拿豆子。

6. 猜字

 6~12岁

这个游戏是猜测对方在自己背上写了什么字，不需要准备道具，在任何地方都能玩，不但能帮助孩子集中注意力，提高记忆力，还能帮助孩子复习学过的生字，将学习和娱乐融为一体，适合6~12岁的孩子。

游戏准备

❶ **训练重点**：根据背部的感觉猜测对方写了什么字。

❷ **游戏场地**：室内、室外皆可。

❸ **道具**：无。

怎么玩

❶ 两人排成一列，前面的人背对后面的人，坐着或站着皆可。

❷ 后面的人用手指在前面的人背上写字。

❸ 写完后，前面的人猜测写了什么字。

❹ 连续猜中3个字，双方的位置与角色对调。

注意事项 每次只能写1个字，速度要慢，每一笔都要写清楚。先写笔画少、简单的字，等孩子熟练后再写难一些的字。

7. 我问你答

　　孩子大都喜欢听爸爸妈妈讲故事或自己读故事。给孩子讲故事或让孩子自己读故事时，可以加入一点点变化。先给孩子提出一个需要重点关注的问题，再讲故事或让孩子自己读故事，之后让孩子回答问题，这就是一个可以帮助孩子提升注意力和记忆力的好方法。这个游戏适合3~8岁的孩子。6岁以前，由爸爸妈妈讲故事。6岁以后，让孩子独立阅读。

游戏准备

❶ **训练重点**：根据问题在故事中找到答案，并且记住。

❷ **游戏场地**：室内、室外皆可。

❸ **道具**：绘本或故事书。

怎么玩

❶ 给孩子讲故事之前，先告诉孩子讲完后会提关于什么的问题。例如，讲小鸡和小鸭的故事，就告诉孩子等一会儿会问他关于小鸡的问题。

❷ 和孩子一起看书，并把故事讲给孩子听。

❸ 讲完后合上书，向孩子提问，要求孩子从故事里寻找答案。

❹ 如果孩子答不出，就再把故事给孩子讲一遍。这次是孩子已知问题后再听故事。

❺ 如果孩子能够准确回答，要及时给予鼓励和表扬。

注意事项 绘本或故事可由孩子自己选择，爸爸妈妈讲故事前需要先考虑好提什么样的问题。无论是什么样的问题，都不要脱离故事讲述的范畴。

如果孩子年龄较小，注意力不够好，刚开始提出的问题不能太难，要让孩子三言两语就能回答出。如果孩子年龄较大，可以提一些偏重逻辑性的问题，锻炼孩子的逻辑推理和表达能力。

8. 叠叠高

叠叠高是一款经典的益智积木玩具，源于汉朝的黄肠题凑木模，在全世界广为流传，3~12岁的孩子都可以玩。在搭积木和抽积木的过程中，孩子的注意力和手部肌肉的控制能力会慢慢增强。进阶版游戏还能将很多孩子为之苦恼的口算练习娱乐化，提高孩子的口算能力。

游戏准备

❶ **训练重点：** 按照要求抽出积木，还要保证整座积木塔不倒塌。

❷ **游戏场地：** 室内、室外皆可。

❸ **道具：** 标有数字的**叠叠高积木一套**（根数不限）、4枚骰子。

怎么玩

基础版（3~6岁）

❶ 先将积木打乱顺序，再交错叠高，每3根1层，叠成1座木塔。

❷ 两人轮流从积木塔里随意抽出1根积木，放到塔顶。

❸ 谁抽出积木时整座木塔倒塌，
   谁就输了。

进阶版（7~12岁）

❶ 搭好木塔，先掷骰子。

❷ 根据掷出的点数进行计算，加减
   乘除皆可，但答案不得大于积木
   的总数。

❸ 从积木塔里抽出数字和答案相同
   的积木，放到塔顶。

❹ 谁抽出积木时整座木塔倒塌，谁
   就输了。

注意事项 积木可以购买，也可以和孩子一起制作。可以根据孩子的年龄和能力
选择不同的积木数量，数量越多，难度越大。游戏时，需要提醒孩子
在对方抽积木时保持安静，不可以用言语或者动作干扰他人。如放在
地上玩，场地要平整。

9. 诗词连连看

上小学后，孩子需要识记背诵很多诗词。把读、背的简单记忆方式转变为给打乱了顺序的字排序的游戏，与爸爸妈妈一起玩，再加上时间记录，不但能增加竞技性和趣味性，还可以帮助背诵困难的孩子变被动学习为主动学习。

在这个游戏的玩耍过程中，孩子会主动集中注意力，提高记忆水平。6~12岁的孩子可以多玩一玩。

游戏准备

❶ **训练重点**：将打乱顺序的字按照正确顺序排列。

❷ **游戏场地**：室内、室外皆可。

❸ **道具**：边长为10厘米的正方形纸若干、边长为6厘米的字卡若干。

怎么玩

❶ 根据孩子需要背诵的诗词的字数，拿出同样多的正方形纸，平铺在桌面上，并拼成一个更大的正方形。

❷ 选择与诗词对应的字卡，打乱顺序，放在纸上，一张纸一个字。

❸ 让孩子按照诗词内容，依次寻找并一一指读正确的字卡，同时计时。

❹ 一首诗或词读完后，打乱顺序重新摆放字卡，换人指读和计时。

❺ 用时短的人胜出。

注意事项 ▶ 游戏时，让孩子的眼睛距离桌面30～35厘米，视点要放在桌面中心。每次都要记录孩子的用时。刚开始时，孩子花费的时间可能会较长，这是正常现象，爸爸妈妈应当多鼓励孩子。最后的目标是平均找1个字用1秒。每找完一次，需要换人，或是让孩子闭眼稍做休息。

10. 小管家

　　将日常生活中的购物融入游戏之中，对孩子而言非常有趣。但这并不是一个简单的游戏，相反难度较大，适合8~12岁的孩子。

　　游戏中，孩子需要记住各种要买的物品，还要去超市找到它们。这就需要孩子有意识地保持较长时间的记忆，并在有很多干扰的情况下依然能够分配足够的注意力去保证不遗忘信息。这个游戏在多种场景下都可以进行，除了去超市，去菜市场、商场也可以。

游戏准备

❶ 训练重点：记住需要买的物品并且在超市里找到它们。

❷ 游戏场地：超市。

❸ 道具：购物单。

怎么玩

❶ 爸爸妈妈在家里和孩子一起列好购物单，并要求孩子记住上面的信息。

> 购物单
>
> 1 巧克力
>
> 2 苹果
>
> 3 小熊布娃娃

❷ 和孩子一起去超市，不让他看购物单，只根据记住的信息选取商品。

❸ 当孩子认为完成购物后，爸爸妈妈对照购物单检查是否有错误或遗漏。

❹ 如果有错误或遗漏，让孩子再次记忆购物单，并回忆物品在超市里的位置，进行第二次选取，改错补漏。

注意事项 刚开始时，需要孩子记住的物品不能太多，三五件即可，以孩子使用的或是感兴趣的物品为主。有错漏很正常，要多给孩子几次机会。还可以和孩子比赛，两个人分别记一部分信息，看谁的正确率更高。

11. 翻山越岭

　　这个游戏需要孩子用绳子拉动钢圈，控制桌上的乒乓球移动，还要翻越不同的障碍物。对于4~10岁的孩子来说，要顺利完成游戏有一定难度。但这样的游戏对帮助孩子集中注意力非常有益，孩子可以多玩玩。

游戏准备

❶ **训练重点**：用绳子拉动钢圈来控制乒乓球移动并翻越障碍。

❷ **游戏场地**：室内。

❸ **道具**：桌子1张，乒乓球2个，钢圈（和乒乓球同样大）2个，绳子2根，障碍物（书本、铅笔、尺子等小物品，每种2件）若干，胶带1卷。

怎么玩

基础版（4~6岁）

❶ 将充当障碍物的物品摆放在桌面上，排成两列。

❷ 将钢圈放在桌子的一端，并用绳子系上。拉直绳子，放在障碍物上，绳头搭在桌边。将乒乓球放在钢圈里。

> 接口处用胶带包好，防止划伤孩子。

❸ 游戏双方站在桌子前，单手或双手拖动绳子，慢慢将乒乓球拉到自己面前，乒乓球必须翻越所有障碍物。

❹ 能完成任务，且中途乒乓球没有从钢圈里掉出的人胜出。
如果游戏双方都能顺利完成，则用时短的一方胜出。

进阶版（7~10岁）

❶ 增加桌面上障碍物的数量，且不要排成直线，将其零散地放在桌上。

❷ 用绳子控制乒乓球绕过障碍物，而非翻越。

❸ 如果乒乓球移动到障碍物上，则任务失败，需要回到起点从头开始。

注意事项 如果是让四五岁的孩子玩这个游戏，一开始最好不要设置障碍物，等孩子控球熟练后再添加。障碍物的高度不要超过1厘米，使乒乓球可以顺利翻越。钢圈的接头一定要用胶带包起来，以免划伤孩子。

12. 谁是神投手

6~12岁

这个游戏让孩子隔着矮桌，将豆子投进矿泉水瓶这类小口瓶，适合6~12岁的孩子。由于瓶口很小，孩子必须非常专注才能投中。玩的过程中，孩子的手眼配合能力也会渐渐提高。

游戏准备

❶ 训练重点：把豆子投进小口瓶。

❷ 游戏场地：室内、室外皆可。

❸ 道具：1个小口瓶子，10粒豆子（黄豆、红豆、黑豆等），1张矮桌。

怎么玩

❶ 将瓶子放在矮桌后面的地上，游戏者拿着豆子站在矮桌前。

❷ 游戏者弯腰，隔着桌子将10粒豆子一粒一粒地投进瓶子。

❸ 10粒豆子投完，换下一位游戏者。

❹ 投进更多豆子的人胜出。

注意事项 矮桌的大小和高度、瓶子与矮桌间的距离都需要根据孩子的身高来确定。游戏时，要提醒孩子不可以趴在桌子上，肘部和腕部都不可以靠着桌子借力。

13. 不倒的木棍

在这个游戏中，3~5岁的孩子玩基础版，需要一边跑，一边保持自己手中木棍呈直立的状态；6~10岁的孩子玩进阶版，还要绕过障碍物。在和爸爸妈妈的比赛中，孩子的注意力和身体协调能力都能得到很好的锻炼。如果爸爸妈妈大意一点，游戏时输给孩子的事也会时常发生。

游戏准备

❶ 训练重点：一边跑，一边保持手里的木棍直立。

❷ 游戏场地：室外。

❸ 道具：2根木棍，一些障碍物（板凳等物品）。

怎么玩

基础版（3~5岁）

❶ 设定好游戏起点线与终点线相距10~20米。

❷ 参加游戏的人站在起点线后，将木棍直立在一只手掌心，另一只手扶住。

←—— 10~20米 ——→

❸ "开始"口令响起后，放开扶住木棍的手，跑向终点线。跑的过程中只能单手保持木棍直立，另一只手不能扶。

❹ 中途木棍如果倒了，游戏者需要在原地停下，重新立好木棍再继续往前跑。

❺ 先到达终点线的人胜出。

进阶版（6~10岁）

起点线与终点线的距离增加至25~50米，途中增加需要绕过的障碍物，其他规则不变。

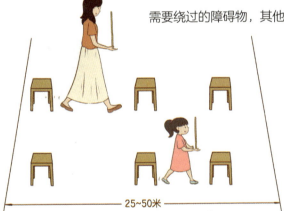

25~50米

注意事项 跑的距离要根据孩子的年龄和完成情况来定。通常情况下，孩子年龄每增加1岁，距离就增加5~10米。如果孩子的平衡感和协调性不是很好，可以缩短距离。除了板凳，也可用别的物品充当障碍物。

14. 抓橡皮

　　这是一个很适合亲子互动的双人游戏，不仅对未成年人，对成年人也有益。玩的时候，每个人都要试图抓住从对方手中落下的橡皮，孩子要高度集中注意力才能获胜。这对提高他们的手眼配合能力也有很大的帮助。太小的孩子要完成这个游戏会比较困难，基础版适合5岁及以上的孩子，进阶版要求较高，8岁后再玩更好一些。

游戏准备

❶ **训练重点**：抓住从对方手中落下的橡皮。

❷ **游戏场地**：室内、室外皆可。

❸ **道具**：1块橡皮。

怎么玩

基础版（5岁及以上）

❶ 两位游戏者面对面，一位站立，右手拿橡皮，另一位坐下或蹲下。两人都伸直手臂，上下相距20~30厘米。

20~30厘米

❷ 两人一起数"1、2、3",数到"3"
时,拿橡皮的人松开手,让橡皮落下,
另一人用右手从上往下抓住(不是接
住)橡皮。

❸ 如果能抓住橡皮,则双方交换游戏角色
并进入下一轮,没抓住则再来一次。

进阶版(8岁以上)

　　站着的人双手各握1块橡皮,
同时或次第松手,另一人需要用双
手分别从上往下抓住橡皮。

要提醒孩子用手从上往下,或是从侧面横向去抓橡皮,不能手掌向上
去接。如果孩子年龄较小,可以把双方手臂之间的距离延长一些。

15. 走"悬崖"

　　这个游戏难度较大，要让孩子在眼睛被蒙住的情况下，用手脚去探索地上垫子的位置，再从一块垫子移动到另一块垫子上。3~6岁的孩子年龄较小，可以趴着，手脚并用来玩。6岁以上的孩子，就可以要求保持站立，只用脚去探索。看不见的时候，孩子的平衡能力会比能看见的时候差，因此需要比平时更加集中注意力，充分发挥其他感觉器官的感知能力，才能控制自己的身体动作。经常玩这个游戏，孩子的注意力和各个器官的感知能力都能得到提高。

游戏准备

❶ **训练重点**：蒙眼后探索地面上的垫子，并从一块垫子移动到另一块垫子上。

❷ **游戏场地**：室内、室外皆可。

❸ **道具**：1条毛巾，20厘米×50厘米的长方形垫子若干。

怎么玩

❶ 将垫子两两间隔20厘米，不规则地连续摆放在地面上。

❷ 让孩子站在第一块垫子的一端，用毛巾蒙上孩子的眼睛。

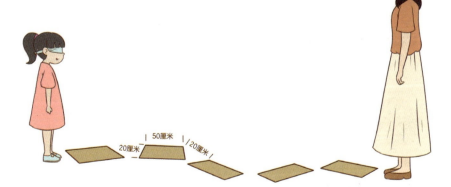

❸ 爸爸妈妈喊"开始"口令，孩子探索着从一块垫子走到另一块垫子上，一直走上最后一块。

❹ 如果中途踩到了垫子外面的地上，则挑战失败，需要回到第一块垫子重新开始。

注意事项 垫子的多少要根据游戏场地的大小和孩子能接受眼睛被蒙住的时间长短来决定。第一次玩时可以多放几块垫子，爸爸妈妈要注意观察孩子玩游戏时的情绪变化。如果孩子出现了比较严重的恐惧感，游戏就要立刻停止，再次玩时，必须减少垫子的数量。

第六章

提升孩子语言表达能力的
功能性训练游戏

———— Chapter 06

孩子内向不爱说话、胆子小、交际能力弱，或是淘气、脾气暴躁、爱打人，极可能是孩子表达能力弱、不知道如何沟通造成的。本章介绍的11个能提升孩子语言表达能力的功能性训练游戏，旨在让孩子逐步养成良好的语言习惯，学会正确的表达方式与表达技巧。

表达能力是孩子成长过程中不可缺失的一种能力，包含了语言表达能力、肢体表达能力、情绪表达能力等，其中的语言表达能力最为人们熟悉。能准确、完整、条理清晰地用语言表述自己的意思和想法，不仅有利于孩子身心的健康发展，还能让孩子发展出良好的社交技能和人际关系。所以，语言表达能力相较于其他表达能力来说，对孩子的影响尤其明显。

上幼儿园之前，常在一起玩耍的孩子的语言表达水平差别并不大。只是有的孩子比较敏感谨慎，更喜欢看和听，不太愿意与他人，尤其是陌生人交流。有的孩子则更放得开，喜欢说话，跟谁都能聊几句。如果不加干涉，完全让孩子顺其自然地发展，随着孩子年龄增加，进入幼儿园后，语言表达水平差异和由此而来的一系列影响就会逐渐显现出来。

乐于用语言表达、也善于用语言表达的孩子遇到困难、受了委屈时，会直接说出自己的情感和需求，让周围的人很容易理解他的难处。这样，无论是寻求他人的帮助，还是想倾诉自己的遭遇，宣泄情绪，都更容易。长此以往，这类孩子尝到顺畅表达的甜头，遇事会更愿意开口，表达能力也会越来越强，交到的朋友更多，性格自然越来越开朗。

而不喜欢说话、不善于用语言表达的孩子在与其他人发生冲突或遇到困难时，因为不能很好地表达，所以不太愿意倾诉，更多的是自己解决——比如选择发火（情绪表达）、直接还手（肢体表达）、把委屈咽下或是放弃任务等。久而久之，这类孩子会因一直得不到正向激励导致语言表达能力发展缓慢，继而影响到情绪表达、肢体表达等其他表达能力的发展，交际能力也会比乐于表达的同龄人更弱，朋友圈狭窄，性格越来越内向，变得敏感安静或是敏感暴躁。

孩子进入小学这个"小社会"以后，语言表达能力的强弱对人际关系、生活、学习的影响就更大了。通常而言，孩子在学校里会获得很多机会来展示自我，但在这个高效、多样的舞台上，只有一部分孩子能让自己的表达能力、组织能力、自信与勇敢等品质得到迅速提升。一部分孩子则会越来越缺乏表达欲望，陷入"我不会说，就不说；我不说，就更不会说"的恶性循环，严重的，还会发展到动辄打人、不停闯祸的境地。这些孩子并不是天生就淘气或脾气暴躁，而是因为他们有一定程度的语言表达障碍，遇到问题或心里不舒服时，不懂得如何用语言去表达自己的情绪和想要做的事情，才使用肢体去表达，结果让其他人无法理解，变成了别人眼中的"熊孩子"。

因此，为人父母，遇到孩子不愿意表达的时候，首先应了解孩子语言表达能力的发展规律，再针对他们的种种表现，采用适当的方法和训练来帮助孩子。

人的语言表达能力与听觉能力相辅相成，伴随着听觉能力的发展共同进步。如果孩子由于先天或后天的生理缺陷，听觉功能丧失，失去了言语听觉与言语动觉之间的神经联系，语言表达能力也会同步受损，难以用正常的语言进行社会交际活动。我们常说的"十哑九聋"就是这个道理。在孩子牙牙学语时，如果爸爸妈妈发现孩子的语言表达能力发展有问题，应及时带孩子去医院检查，而且需要重点检查听觉器官功能。

如果孩子的各个器官没有器质性病变，听觉能力发展正常，他的语言表达能力固然会受到遗传因素的影响，但更多的是取决于后天的环境因素与教育因素。即使爸爸妈妈都很内向，寡言少语，但只要给孩子提供一个良好的、具体的语言环境，注重从小开发孩子的语言能力，孩子也能拥有良好的表达能力。

这里所说的提供语言环境并不是指单纯地和孩子聊天，而是指在一定的环境中，孩子必须通过语言进行交流与沟通，不用语言就会出现危机感与"生存危机"。

　　例如，孩子想要杯子，用手指了一下。爸爸妈妈或直接将杯子递给孩子，或是问："要杯子吗？"但孩子没有以语言作答只是点头，就从爸爸妈妈手里拿到了杯子。这都不是有效的语言环境。

　　如果爸爸妈妈问："要杯子吗？"孩子点头。爸爸妈妈说："让人拿东西应该有礼貌地说出来，别人才能明白。现在你重新说一遍。"孩子说："请帮我拿一下杯子，可以吗？谢谢。"爸爸妈妈说："可以，不客气。"然后才把杯子拿给孩子。这就形成了一个良好的语言环境。在这样的语言环境中，对孩子语言能力的锻炼是渗透在生活的细微之处，潜移默化进行的。

　　更重要的是，爸爸妈妈结合语言能力发展的规律，在孩子的语言发展关键期，给孩子创造一个好的语言环境，就可以帮助孩子在发展的每个关键阶段得到更好的提高。

　　通常，孩子的语言能力会依照以下规律逐步发展。

　　1岁左右的孩子开口说话的积极性很高。但是他们的言语听觉与言语动觉之间还不能协调活动，尽管很喜欢模仿大人说话，但是很难完整模仿，大多只能模仿单字或连续的音节。例如爸爸妈妈说"饼干"这个词，孩子往往只能模仿说"饼"或者"饼饼"。这个时期的孩子还在具体形象思维期，更容易记住"声音"这种更鲜明的特征。他们还喜欢以物体发出的声音来代替这个物体，例如叫猫"喵喵"，叫汽车"嘀嘀"。

　　1岁到1岁半之间，孩子进入"蹦词"期。他们能说出更多的名词、少量的动词和极个别的形容词。在他们的表达中，这些词语常常不止代表一种意思。例如，孩子说"果果"，可能是想说"我要苹果"，也可能是想说"妈妈吃橘子"。这个时期，通常只有最熟悉孩子的亲人结合当时的场景，才能理解他真正想表达意思的25%左右。爸爸妈妈在这个时期要特别注意的是，尽量不要跟着孩子说这种叠词，而要用准确、规范、有逻辑的简洁表达来帮助孩子积累更多的词语和句子，为以后孩子能进行连贯的、有逻辑的表达奠定基础。

1岁半以后，孩子说的每一个词语开始代表更为明确的事物或动作，并且逐渐学会用简单的词组或者5个字以内的短句子来表达自己的意思。例如，"小鸟飞""吃饼干""妈妈上班班""那是什么？"等。到孩子2岁时，爸爸妈妈能够比较轻松地理解孩子的话的50%~75%。

2~3岁这一年，孩子掌握的词语数量、种类以及每类词语包含的意义都会快速增加。2岁半左右，他们就会使用描述动作、温度、味觉和其他机体感觉的词语；3岁时能使用描述人的外貌特征、情感和个性品质的形容词。这时候，孩子已经可以说一些比较长的句子，其中大约有50%的句子会带上修饰语。例如："果果，妹妹吃。"不过这些句子经常不完整，常出现没有主语或用词颠倒的情况，需要爸爸妈妈帮他们调整。孩子已经能够清楚地说出自己身体哪里不舒服，一天里遇到了哪些人、哪些事情。这时候，不仅仅是父母，其他的成人也基本能够轻松理解孩子所说的话的全部意思。在这个时期，爸爸妈妈带孩子见到的东西、场景、人越多，孩子能掌握的词语就越多。利用绘本进行图画阅读、听故事，可以从这个时期开始。

3~4岁这一年，孩子通常能够听懂成年人的连续指令，并且按照指令一一做完相应的事。例如："把书包挂起来，洗好手，然后过来吃饭。"这个年龄的孩子已经积累了大约1600个词语，能够说出完整的句子，并运用各种复杂的句子表达自己的想法和想要的东西。例如他们会提出"我晚饭不想吃饺子，要吃米饭。吃完了妈妈给我讲故事好不好？"之类的要求，还能够流利地和别的小朋友或者成年人交谈，会谈论发生在家以外，如幼儿园里的事情。有时候遇到困难和疑惑，他们还会把自己的思考转化为语言，自言自语。不过，这个时期的孩子尽管有向别人独立表达思想、讲述自己经验的愿望，但又常常不敢或不善于在众人面前讲话，或说起话来断断续续，带有很强的情境性，表现出明显的无逻辑性。从这个

时期开始，爸爸妈妈们需要重点关注的是，怎样才能鼓励孩子在众人面前大胆地表达。

5岁左右是孩子的词汇量增加最快的时期。他们说话更加流利而有条理，表达的意思也更清晰；逻辑思维能力开始凸显，能使用"因为""为了""结果""虽然""但是""然而"等连词来表达事物间的逻辑关系；也可以围绕主题，利用正确的语法表述自己的意图。例如："我们去了超市，但我们必须早点回家，因为我的妹妹感觉不舒服。""我今天看见东东有一辆像宇宙飞船一样的玩具车，妈妈说等我的生日到了就给我买一辆。"这时候的孩子很容易，也很乐意与同伴或成年人沟通，还尤其喜欢创编故事，给别人讲一个长而富有想象力的故事。需要注意的是，4~5岁的孩子开始对语法有明显的意识。他们能发现别人说话时的语法错误，也会特别敏感，害怕自己表达错误被别人笑话。因此，在这个时期，爸爸妈妈尤其要注意自己的说话方式，如果发现孩子说错了话，尽量不要嘲笑和谴责他们。

随着生活范围的扩大、知识经验的增加以及抽象逻辑思维和概括能力的发展，到了6岁，孩子掌握的词语更加丰富了。这时候，他们不仅掌握了各种名词、动词、形容词、数词，还常常使用副词和连词。带有修饰语的句子已经占他们说话内容的90%以上，其中陈述句占60%~70%，疑问句占15%左右，祈使句、感叹句一般占10%左右，还有5%~15%是词组、短语和病句。他们能够正确理解带有转折关系、因果关系、递进关系的复句，有的孩子还能流利使用，但对于双重否定句这类更复杂的句子还不能完全理解。他们已经初步掌握语法结构和一些说话的技巧，不仅可以完整、连贯地说话，还会表现得大胆、生动、有感情，喜欢在讲话过程中配合肢体动作。同时，这个时期的孩子开始产生内部言语（内心独白），并且从只能理解口语向初步掌握书面语言过渡。他们开始在行为方面带上一定的自觉性和计划性，语言对行为的调节功能也比以前更强。正是基于孩子的这些变化，6岁才会被认定为孩子的入学年龄。

从1岁到6岁入学以前，都是孩子语言能力发展的最佳时期。 在这个时期，逐步让孩子养成良好的语言习惯，是发展孩子的智力、口头与书面表达能力和理解知识能力的前提，对孩子今后知识的获得、人格的健全乃至整个心理结构的健康发展都有至关重要的作用。

在这个时期，孩子能够掌握的词语和句子中，有2/3以上是通过与成人的日常交谈获得的，通过阅读获得的比例并不高。他们也是在与成人的交往中掌握语法规则，从自然模仿成人的语言习惯逐步过渡到掌握语法规则，将词语组成句子。孩子入学后，才开始进入通过大量的阅读和表达来迅速提升语言表达能力的阶段。在入学以前，孩子要拥有足够的词汇量，讲话具备一定的连贯性与逻辑性，逐渐掌握和运用表情、语调、速度等基本的说话技巧，都要依靠爸爸妈妈的正确培养和教育。有的家长不太重视对孩子语言能力的培养，认为"说话谁都会，孩子长大就能说清楚了""小孩子，油嘴滑舌不好，说的话我们能听懂就行了"。这样的认知错误会对孩子语言表达能力的发展造成极大障碍，影响孩子的沟通、交往甚至思维能力。如果无意中疏忽了对孩子语言表达能力的培养，错过了0~6岁最佳的语言学习期，孩子和爸爸妈妈在后续的学习中便需要付出更大的努力。

6年是一段较漫长的时间。每个孩子都有自己的"时间表"，在不同的时期表现出的语言能力也不同。爸爸妈妈了解了孩子每个时期语言发展的特点，针对孩子的不同需求循序渐进，逐步提高与孩子交流的次数与质量，引导孩子慢慢学会简洁、连贯、条理清晰地准确表达，是帮助孩子发展语言能力的最好方法。如果对照前述儿童语言发展规律，发现自己孩子的语言表达能力在某些方面有所欠缺，也不必太担心。在6~12岁这段时间里，即使孩子对语言的接受与敏感程度会逐渐下降，也还可以通过专项训练进行一定程度的纠偏与补救。而过了12岁，训练的效果就很难令人满意了。

本章介绍了一些帮助孩子提升语言表达能力的游戏，重在给孩子创设出更多不同的表达场景，让他们尽量多地去练习思考与表达。对3~12岁的孩子都适用。尤其是对于胆子比较小，不喜欢在人前表达，或是性格偏内向的孩子来说，游戏的方式还可以帮助他们在轻松自由的状态下提高表达的兴趣，养成思考的习惯，积累表达的内容素材，学会正确的表达方式与表达技巧。持之以恒地练习，帮助孩子培养多看、多说、多听、多练的好习惯，孩子的语言表达能力就会在日积月累中不知不觉地提高。

在和孩子一起玩的过程中，爸爸妈妈需要注意以下事项。

1. 坚持正向激励的原则。

我们常说"童言无忌"，孩子表达出错是正常现象。无论孩子的模仿和表演有多么天真可笑，逻辑有多么混乱，都请爸爸妈妈不要指责和嘲笑他们。要知道，有时候即使只是一句并无恶意的玩笑话，也会严重打击孩子的表达欲望。如果发现孩子表达错误，只需要平静地告诉孩子正确的说法，让孩子按照正确的方式复述一遍就好。

2. 坚持长期练习。

出口成章不是朝夕可就的本领。要想让孩子拥有优秀的表达能力，爸爸妈妈需要每天带着孩子练习，也需要做好至少坚持三五年再来看效果的心理准备。尤其是6岁以后才被发现表达明显有困难的孩子，需要的时间就更长。爸爸妈妈看不到孩子的改变，着急是正常的，但请相信自己，相信孩子，只要持之以恒，终会看到孩子的进步和成长。

1. 猫拿耗子

这个游戏让孩子模拟表演猫和老鼠的对话场景，在表演的过程中锻炼孩子的想象力、勇气和表达能力，对胆子小、说话声音小的孩子有很大的帮助，在幼儿园里深受3~6岁孩子的喜爱。稍加改变，这个游戏也适用于亲子互动，如果还有爷爷奶奶的参与，效果更好。

游戏准备

❶ 训练重点：大声问答，配合回答做出相应的动作和表情。

❷ 游戏场地：室外。

❸ 道具：无。

怎么玩

❶ 爸爸妈妈手拉手围成圈当猫。孩子蹲在圈里面当耗子。（如果还有其他人当猫，大家就手牵手围成圈。）

❷ 爸爸妈妈围着孩子绕圈走，按照以下方式进行游戏：

	猫	耗子带上动作和表情回答
边走边念	一更鼓里天呀，猫要拿耗子呀！ 天长喽，夜短喽，耗子大爷起晚喽！	
停下来问	耗子大爷在家吗？	耗子大爷还没起床呢。
边走边念	二更鼓里天呀，猫要拿耗子呀！ 天长喽，夜短喽，耗子大爷起晚喽！	
停下来问	耗子大爷在家吗？	耗子大爷穿衣服呢。
边走边念	三更鼓里天呀，猫要拿耗子呀！ 天长喽，夜短喽，耗子大爷起晚喽！	
停下来问	耗子大爷在家吗？	耗子大爷漱口呢。
边走边念	四更鼓里天呀，猫要拿耗子呀！ 天长喽，夜短喽，耗子大爷起晚喽！	
停下来问	耗子大爷在家吗？	耗子大爷洗脸呢。
边走边念	五更鼓里天呀，猫要拿耗子呀！ 天长喽，夜短喽，耗子大爷起晚喽！	
停下来问	耗子大爷在家吗？	耗子大爷喝茶呢。
边走边念	六更鼓里天呀，猫要拿耗子呀！ 天长喽，夜短喽，耗子大爷起晚喽！	
停下来问	耗子大爷在家吗？	耗子大爷吃点心呢。
边走边念	七更鼓里天呀，猫要拿耗子呀！ 天长喽，夜短喽，耗子大爷起晚喽！	
停下来问	耗子大爷在家吗？	耗子大爷吃饭呢。
边走边念	八更鼓里天呀，猫要拿耗子呀！ 天长喽，夜短喽，耗子大爷起晚喽！	
停下来问	耗子大爷在家吗？	耗子大爷剔牙呢。
边走边念	九更鼓里天呀，猫要拿耗子呀！ 天长喽，夜短喽，耗子大爷起晚喽！	
停下来问	耗子大爷在家吗？	耗子大爷打嗝儿呢。
边走边念	十更鼓里天呀，猫要拿耗子呀！ 天长喽，夜短喽，耗子大爷起晚喽！	
停下来问	耗子大爷在家吗？	耗子大爷遛弯儿去喽！

❸ 孩子说"耗子大爷遛弯儿去喽！"的时候，要边说边钻出爸爸妈妈围成的圈并跑开。等孩子说完这句话，爸爸妈妈就开始追孩子，谁抓到孩子，就和孩子对换猫与耗子的角色和位置，进行下一轮游戏。

注意事项 耗子的回答可以多种多样，可鼓励5岁以上的孩子自己创编回答。注意每次回答的时候都要带上表情和动作。由于有追逐的过程，这个游戏更适合在室外进行，游戏场地要平整、没有障碍物，尽量保证孩子的安全。

2. 买鸡 3~6岁

　　这是一个非常有趣的模拟表演游戏，模拟市场上买鸡的场景，最少需要3个人一起玩，很适合3~6岁的孩子。孩子和爸爸妈妈一起玩的时候，很难控制住自己不哈哈大笑。在欢快的氛围中，孩子会更愿意动脑筋，想出各种理由，平时在陌生人面前说话声音很小的孩子也会不知不觉大声地说话。

游戏准备

❶ 训练重点：模拟买卖双方进行合理的对话。

❷ 游戏场地：室内、室外皆可。

❸ 道具：无。

怎么玩

❶ 3个人分别扮演鸡贩子、买鸡的人和鸡。

❷ 扮演鸡的人要蹲在地上，两手手背叉腰，说话的时候需要同时扇动胳膊。

❸ 买鸡的人问："有什么鸡啊？我想选一只。"

❹ 鸡贩子说："瞧一瞧，选一选，我这里什么鸡都有。"

❺ 买鸡的人走到"鸡"面前，与"鸡"和鸡贩子分别对话。

"鸡"扇动胳膊，边说边用动作展现自己的优点。例如："我是一只肥鸡，我的羽毛很漂亮，我会唱歌……"

鸡贩子给"鸡"帮腔。例如"鸡"说自己肥，贩子就说："是啊，它每天吃好多东西呢。"

买鸡的人挑"鸡"的毛病。例如："不行，太瘦了；这只鸡羽毛太花了……"

⑥ 买鸡的人觉得可以了，就和鸡贩子一人抓住"鸡"的一条胳膊，把"鸡"提起来又放下去3次，掂量"鸡"的分量。

⑦ 对分量也满意后，买鸡的人就说："这只我要了，拿回家炖汤去喽！" 游戏结束，交换角色进入下一轮。

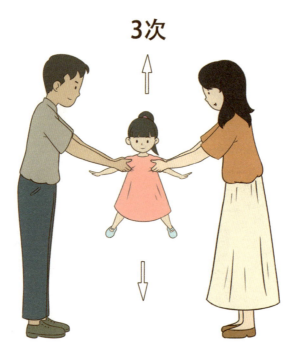

3次

注意事项 这个游戏的关键在于3个人的说话技巧，买鸡的人和鸡贩子要尽量逗趣、贫嘴，"鸡"要尽量表现自己的优点，克制自己不要大笑。刚开始玩可以让孩子扮演鸡，爸爸妈妈扮演买鸡的人和鸡贩子，尽量多给孩子表演的机会。如果后面交换角色，由爸爸妈妈扮演鸡，掂量分量的这个环节就不用真的将"鸡"提离地面了。

3. 我是大法官

　　这是一个很多"80后""90后"小时候玩过的游戏，要求模拟法庭审判的过程，对培养6~10岁孩子的逻辑思维能力和条理清晰的表达非常有帮助。3个人一起玩的方式也很适合亲子互动。

游戏准备

❶ **训练重点**：找出合乎逻辑的理由。

❷ **游戏场地**：室内、室外皆可。

❸ **道具**：1块5厘米宽、40厘米长的硬纸板，1顶纸折的法官帽，3张分别写有"法官""小偷""农夫"的纸卡。

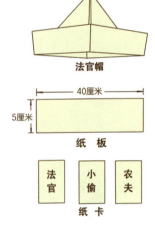

怎么玩

❶ 3个人分别抽纸卡，抽到哪张就扮演对应的角色。扮演法官的人戴上法官帽。

195

❷ "农夫"对"法官"说："法官大人，我要提起控诉。"

❸ "法官"说："你要控诉什么？"

❹ "农夫"说："我要控诉小偷，他昨天晚上偷走了我的牛（此处也可以把"牛"换成别的事物）。"

❺ "农夫"和"小偷"开始就偷和没偷进行辩论。双方需要找出证据来证明自己是对的。法官根据双方的辩论适时提出问题并做出最后判决。

❻ "法官"如果最后判定"农夫"的控诉合理，则执行判决，用纸板打"小偷"三大板；如果判定"农夫"诬告，就打"农夫"三大板。

❼ 判决执行完毕，游戏结束。3个人重新抽纸卡进行下一轮游戏。

注意事项 第一次玩这个游戏建议让孩子当法官，爸爸妈妈分饰农夫与小偷，给孩子做辩论示范。爸爸妈妈做法官的时候，要通过提问来引导孩子想象画面，帮助孩子理清各种关系，从而进行合乎情理的逻辑推理和有条理、准确的表达。

4. 我来演，你来说

　　这是一个训练孩子把观察到的游戏同伴的动作、表情等用语言准确表达出来的游戏，对锻炼孩子的观察能力、记忆力、反应速度和语言连贯性都有好处。基础版和进阶版分别适用于不同年龄段的孩子。如果孩子属于只喜欢观察外界事物而不太愿意主动表达的类型，不妨多玩一玩这个游戏。

游戏准备

❶ 训练重点：把游戏同伴做的事情用语言描述出来。

❷ 游戏场地：室内、室外皆可。

❸ 道具：无。

怎么玩　　基础版（5~8岁）

❶ 游戏双方商量并确定谁来演，谁来说。

❷ 演的人做几个连续动作。例如：从椅子上站起来，走到桌子旁边拿起一本书，再走回椅子处坐下。

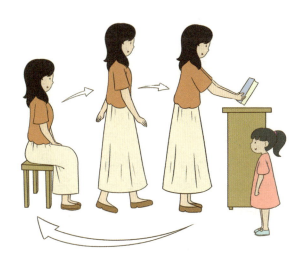

❸ 说的人回忆演的人的行为，并且依次说出来。例如："妈妈刚才先从椅子上站起来，然后去桌子那里拿了一本书，又回来坐下了。"

❹ 如果说错了顺序，或是漏掉了某个环节，需要重新说一遍。正确表述清楚后，游戏双方对换演和说的角色。

妈妈刚才先从椅子上站起来，然后去桌子那里拿了一本书，又回来坐下来了。

进阶版（8~12岁）

　　演的人模仿哑剧形式，表演某个场景，说的人用一段话进行描述。例如："爸爸买了好多东西回家，进门的时候不小心撞到了头。爸爸觉得很痛，东西也全部掉在地上了。"

注意事项

5岁的孩子刚开始玩时，可以从描述两个连续动作开始。等孩子年龄大一些，表达能力逐渐增强后，再增加动作和场景的难度。可以设计一些有趣的场景和动作，加上夸张的表情来提升孩子的兴趣。

5. 扩词扩句

　　这个游戏需要孩子把词语逐渐扩充为一个丰满详尽的完整句子，很适合3~8岁的孩子，不但能帮助孩子更快地从说词语和不完整的句子顺利过渡到能说完整句子，也能培养孩子养成仔细观察周围的事物细节并进行准确描述的好习惯，为后续学习写作打好基础。

游戏准备

❶ **训练重点**：观察事物，并完整描述。

❷ **游戏场地**：室内、室外皆可。

❸ **道具**：无。

怎么玩

❶ 两人玩"石头剪子布"，赢了的人随意选择身边的任意事物，说出这个事物的名称。

❷ 另一个人观察后，增加一个具体描述。

❸ 两个人轮流说，每次增加一个具体描述。

　　例如：

　　风筝。

　　蓝色的风筝。

　　蓝色的风筝在天上飞。

　　一个蓝色的风筝在天上飞。

　　一个蓝色的蝴蝶风筝在天上飞。

　　一个蓝色的蝴蝶风筝在离地几百米的天上飞。

　　……

❹ 如果接不下去，或是说出的句子已经不正确，就算输，游戏结束。再开始新一
轮游戏。

注意事项 ▶ 丰富的景物和多种场景的变换有助于孩子快速增加词汇量和进行联想，因此相较于在家，这个游戏更适合在室外玩，或是在乘坐各种交通工具的时候玩。如果孩子的表达出现了语法或逻辑错误，爸爸妈妈需要示范正确的表述，让孩子复述一遍。

6. 我猜我猜我猜猜猜

几乎所有的孩子都喜欢捉迷藏类的游戏。在这个游戏中，孩子需要用语言描述被自己藏起来的物品的特征，再让对方猜是什么物品。3~12岁的孩子都可以玩。经常玩这个游戏，孩子们能学习抓住事物的主要特征进行准确表达，对学习写作也很有帮助。

游戏准备

❶ **训练重点**：描述事物的主要特征。

❷ **游戏场地**：室内、室外皆可。

❸ **道具**：1个中等大小的纸箱，可以藏进纸箱的各种物品。

怎么玩

❶ 游戏双方一个负责藏，一个负责猜。先看清楚都有哪些物品是用来猜的。

❷ 负责藏的人选择一个物品，放进纸箱，再描述这个物品的一个特征，让对方猜是什么。如果对方猜错了，就再增加一个描述，让对方继续猜。

例如："它是圆的。""是球吗？""不是，它是圆的，上面有花纹。""是碗吗？""不是，它是圆的，上面有花纹，木头做的。""是陀螺吗？""对！"

❸ 猜出来后，游戏双方对换角色，进行下一轮游戏。

注意事项 可以多准备一些物品来提升游戏的趣味性，还可以选一些特征比较近似的物品来提高游戏的难度。放物品的地方需要离玩游戏的地方稍远，不能让猜的一方看见少了什么。

7. 续编故事

这个游戏给孩子自己创编故事的机会，适用于所有喜欢听故事、讲故事的5~12岁的孩子，对增强孩子的表达欲望、开发孩子的想象力都很有好处。8~12岁的孩子在玩的时候，爸爸妈妈也可以尽量让孩子多说几句，自己再接一句；还可以帮孩子同步录音，等游戏结束，带着孩子一起将录音整理成文字，就是一篇很好的想象作文。

游戏准备

❶ **训练重点**：根据开头的内容设定进行后续故事的创编。

❷ **游戏场地**：室内、室外皆可。

❸ **道具**：孩子喜欢的绘本或图画。

怎么玩

❶ 让孩子选择绘本里的任意一幅图或任意一张图画。

❷ 爸爸妈妈根据孩子选的这幅图给故事起头，说第一句话。

❸ 孩子接第二句话，然后和爸爸妈妈一人说一句，把这个故事编下去。

❹ 谁编不下去了，就表演一个节目，这一轮游戏结束。

注意事项

因为是孩子自己想象故事，爸爸妈妈不要当场纠正孩子，以免打断孩子的思路。内容是否合情合理，是否有错误都无关紧要。爸爸妈妈接句子时，说一些帮孩子拓展后续想象空间的开放性句子更好。

例如：大家来到了草原上。（空间转换）

咦？又来了一个新朋友呢！（人物转换）

太阳升上了天空。（时间转换）

……

8. 词语接龙

这是一个让孩子用新词的词头接别人的词尾，把词语或者成语一个一个接下去的游戏，能很好地锻炼孩子的记忆力、应变能力和联想能力。尤其对需要在短时间内记忆大量词语的6~12岁的孩子，这个游戏可以起到很好的复习巩固作用。

游戏准备

❶ **训练重点**：将前一个人所说词语的最后一个字作为自己所说词语的第一个字，想出新词语。

❷ **游戏场地**：室内、室外皆可。

❸ **道具**：无。

怎么玩

基础版（6~8岁）

❶ 两人玩"石头剪子布"，胜出的人任意说一个词语。

❷ 输的人需要用赢的人所说词语的最后一个字作为自己所说词语的第一个字，接着说一个词语。

　　例如：红花—花生—生日……

❸ 两个人以此类推，一个一个词语接下去。说不出新词语，或者说了重复词语的人算输。

进阶版（9~12岁）

　　把说词语变成说成语，进行成语接龙。

玩词语接龙时，要用同一个字来接。但玩成语接龙时，可以允许孩子用同音字来接。

9. 词语大站队

这是一个要求孩子根据中心词找出有关联的其他词语的游戏，适合6~12岁的孩子。它一方面可以帮助孩子加深对词语意义的理解，扩充词汇量；一方面可以帮助孩子把已经记住的和新学到的词语进行归类，建立起新的联系，形成各种各样的对比意识。

游戏准备

❶ **训练重点**：根据中心词找出相关的外围词语。

❷ **游戏场地**：室内、室外皆可。

❸ **道具**：1个大白板或1张A3以上大小的白纸，2支笔。

怎么玩

❶ 在白板或者白纸上画如下表格。

在A、B两个格子里写两个有关系的中心词，每个格子里写一个中心词。例如：A花B草、A男孩B女孩、A圆B方……

A男孩	B女孩

❷ 玩游戏的两个人各选一边，在下面对应的空格里写出根据中心词联想到的词
语，最后比谁写的词语多。

例如：

A男孩	B女孩
淘气	妈妈
爸爸	香水
胡子	长头发

A轻	B重
棉花	书包
纸	锤子
飞起来	掉下去

**注意
事项** 玩的过程中，孩子会主动模仿爸爸妈妈，关注爸爸妈妈写了什么。如
果爸爸妈妈不断提高自己玩的水平，孩子自然也能在玩游戏中掌握更
多的词语，增强学习的能力。可以多用孩子学习时遇到的难理解、记
不住的新词当中心词。

10. 文字地图

这个游戏要求孩子对走过的路线进行文字描述，适合识字且能写简单句子的8~12岁孩子玩。孩子能够在游戏中学习如何用语言去引导别人，还能理解到要想有效地与人沟通，必须清楚地描述自己的意图并让对方明白。经常玩这个游戏，对增强孩子的记忆力也很有帮助。

游戏准备

❶ **训练重点**：用文字描述走过的路线。

❷ **游戏场地**：室外（游乐场、商场、动物园等有趣的地方）。

❸ **道具**：纸、笔。

怎么玩

以去逛商场给孩子买冰激凌为例。

❶ 爸爸带孩子进商场，要求孩子记住从入口到冰激凌柜台的路线。妈妈在商场入口等待。

商场入口

❷ 找到冰激凌柜台后,爸爸与孩子一起原路返回商场入口,将去冰激凌柜台的路线写出来交给妈妈。

❸ 妈妈根据孩子写的路线去买冰激凌。爸爸带着孩子在商场入口等待。

❹ 如果孩子描述得清楚准确,就能吃到妈妈买回的冰激凌作为奖励。

❺ 如果描述不清楚,妈妈找不到,就回到商场入口,大家拿着文字描述一起走一遍,核实什么地方出了问题。找到问题后先一起修改文字描述,再带着孩子从商场的其他入口玩一次,直到孩子完成游戏,吃到冰激凌。

注意事项 去动物园、游乐场这类有趣的地方都可以玩这个游戏。刚开始玩时,孩子未必能立刻准确地描述出路线。爸爸妈妈要严格按照孩子写的路线走,对孩子模棱两可的描述不要自行补全,否则无法帮助孩子纠错,也达不到锻炼孩子的目的。

11. 对对碰

　　这个游戏我经常在学校和孩子们一起玩，也同样适合亲子互动。游戏时，大家要把抽到的词卡连成各种有趣的句子，孩子们常常乐得前仰后合，并会非常主动地纠正句子中出现的错误。6~10岁的孩子经常玩这个游戏，对于扩充词汇量，理解句子的正确结构、事物之间的逻辑关系和发展表达能力都有很明显的作用。进阶版游戏增加了对情绪的认知和理解，对于孩子学习情绪管理也很有帮助。

游戏准备

❶ **训练重点**：连词成句。

❷ **游戏场地**：室内、室外皆可。

❸ **道具**：4张A4大小的白纸、1支签字笔。

怎么玩

基础版

❶ 制作A组词卡：把1张白纸裁成16张同样大小的纸片，让孩子在每一张纸片上写一个人、动物或事物的名称。例如：爸爸、妈妈、小狗、桌子……

❷ 制作B组词卡：再取1张白纸裁成16张同样大小的纸片，让孩子在每一张纸片上写一个地名。例如：公园、草地、卫生间、商场……

❸ 制作C组词卡：再取1张白纸也裁成16张同样大小的纸片，让孩子在每一张纸片上写一件可以做的事情。例如：打球、上厕所、游泳、吃东西……

A 组 16张				B 组 16张				C 组 16张			
爸爸	妈妈	小狗	桌子	公园	草地	卫生间	商场	打球	上厕所	游泳	吃东西

❹ 将3组词卡分别打乱顺序，有字的一面朝下，在桌上摞成A、B、C 3叠。

❺ 让孩子分别从3叠词卡中各抽出1张，将上面的词语以"谁在什么地方干什么"的句式，连成句子念出来。如果句子不合逻辑，让孩子说出什么地方不对。

爸爸在草地上游泳。

进阶版

❶ 每次抽取1张A、1张B、2张C（字母分别对应该组词卡），让孩子以"谁在什么地方，一边做什么，一边做什么"的句式连句。

> 小狗在商场，一边上厕所，一边打球。

D 组 16张

高兴

> 小狗在商场高兴地打球。

❷ 增加D组词卡，每张词卡上写一种情绪。孩子每次在4组词卡中各抽1张，以"谁在什么地方怎样地干什么"的句式连句。

> 妈妈在公园，一边高兴地打球，一边害怕地吃东西。

❸ 每次抽取1张A、1张B、2张C、2张D，让孩子以"谁在什么地方，一边怎样地做什么，一边怎样地做什么"的句式连句。

注意事项 这个游戏的关键在于连出有趣的句子。如果孩子乐得哈哈大笑，爸爸妈妈一定要让他说出为什么会笑，这个句子哪里有趣，日常生活中应该是什么样的。这样孩子才能对正确的、合乎逻辑的、有条理的表达有更深刻的理解。

第七章

提升孩子情绪管理能力的
功能性训练游戏

—————— Chapter 07

在日常生活中，爸爸妈妈也许会发现孩子一遇到不如意的事情就会大喊大叫、扔东西；生气时把自己关起来或咬指甲、抠手；去往陌生的地方会哭闹不止……这是孩子不会管理自己的情绪导致的。情绪管理能力需要在后天的学习中逐步培养。本章介绍的10个能提升孩子情绪管理能力的功能性训练游戏，旨在帮助孩子学会如何正确表达与疏解情绪。

爸爸妈妈应该对孩子第一天上幼儿园的情景印象深刻。每年新生入学的第一周，早晨的幼儿园门口都是一个大型"灾难现场"。孩子们一致认为爸爸妈妈不要自己了，哭闹声震天响，隔很远都能听见。爸爸妈妈们在园外一面揪心一面犯愁：明明在家说得好好的，怎么送到幼儿园就不一样了呢？

孩子的这种情绪失控来源于这个年龄段常见的分离焦虑。一周后，部分孩子适应了生活的变化，就会每天开开心心地和爸爸妈妈说再见；而部分孩子在一两个月后，依然还会每天找理由试图阻止爸爸妈妈把他送进幼儿园。幼儿园毕业后进入小学时，同样的场景还会再现。

还有很多时候，孩子也会表现出类似的情绪失控现象。

☐ 去陌生环境或者见到陌生人时会表现得十分抗拒。如果这些陌生的事物或者人靠近，孩子会表现出焦虑、烦躁，甚至哭闹不止。

☐ 只要自己的要求没有得到满足，就又哭又闹，有时候还升级为边哭边在地上打滚。

☐ 如果被爸爸妈妈安排做自己不喜欢做的事（比如学习，不玩游戏等），会表现出拒绝。如果这时爸爸妈妈的态度比较强硬，孩子就会大喊大叫、扔东西。

☐ 很容易着急，越急越说不清楚，越说不清楚越急，脸会涨得通红。

☐ 生气的时候什么话都不说，生闷气，把自己关在屋子里，拒绝和任何人交流。有时会出现不自觉地咬指甲、抠手、舔嘴皮等行为。

☐ 到了学校门口，坚决不肯进学校。家长越吓唬逼迫，对抗行为越严重。

☐ 不敢独自上厕所，或者独自睡觉。

☐ 很多小朋友一起玩时，会躲在一旁自己玩。如果在和一两个伙伴玩得比较开心时，得知还会有别的小朋友来，就会吵着要求离开。

☐ 跟爸爸妈妈或者其他人说话时，没有办法直视对方的眼睛，会一直躲避对方的注视。

☐ 很难按要求独立完成一件事，总是会找各种理由不断地打扰周围的人。

看到这里，爸爸妈妈是不是觉得以上种种现象都似曾相识呢？不管孩子有过以上哪一种现象或其他类似行为，相信爸爸妈妈都曾经为之苦恼。不过，孩子面对不同事件会出现不同的情绪是正常的现象。就像在婴儿时期，孩子饿了都会用哭来告诉爸爸妈妈，需求被满足了会开心、被冤枉了会委屈，所有的孩子都一样。不同之处在于，孩子对自己已经出现的情绪会选择不同的具体表达和处理方

式。好的方式比较容易让爸爸妈妈和其他人接受，有的方式却会让人头疼不已。

为什么孩子面对同样的事件时，出现的情绪相同，选择的表达和处理方式却大相径庭呢？这就涉及我们接下来要谈到的"情绪管理"问题。

我们把能够正确认识自身和他人的情绪，能够正确驾驭自己的情绪并由此产生良好管理效果的能力称为情绪管理能力。这种能力是领导力的重要组成部分。产生情绪是人类先天具有的本领，正如孩子不用人教，在婴儿时期就会哭会笑。而控制情绪则不是，对行为的界限认知、正确的情绪认知和恰当地进行情绪表达，都是需要通过后天学习才能获取的能力。

通常而言，爸爸妈妈是成年人，已经具备正常的情绪管理能力。当孩子出现行为问题，比如发脾气、哭闹，一定程度上，爸爸妈妈的处理方式都是控制自己的情绪，心平气和地跟孩子讲道理。可如果孩子一直哭闹，对爸爸妈妈的情绪刺激超过了情绪控制界限，爸爸妈妈就会忍不住发火。可实际上，孩子的不服管教、不听话、易怒这些问题，与爸爸妈妈偶尔发脾气是一回事。大多数时候，这只是孩子的情绪管理能力还不够好，能接受的情绪刺激界限更低造成的。

人的情绪像河水，情绪管理能力就像河道。河道越宽越深，能通过的河水就越多；情绪管理能力越强，能接受的情绪刺激界限就越高。但是再宽再深的河道，也有一个阈值，超过了这个阈值，河水就会泛滥。如果孩子在幼年时期不能学会正确恰当地表达情绪，就无法很好地管理自己的情绪，情绪容易失控不说，还会产生各种行为问题。学习适当地调节和疏解情绪更是需要漫长的时间，会从孩子的青少年期一直持续到成年以后。因此，如果孩子在幼年时期已经出现上述10种现象中的3种以上，爸爸妈妈就需要对孩子进行专门的情绪管理的教育，帮助孩子把自己的"情绪河道"挖得更深、更宽。

在试图让孩子改变之前，爸爸妈妈需要先明确，自己最终希望达到的目的是什么。如果仅仅只是为了让孩子更听话，那么孩子很有可能只能成为自己情绪的监控者而不是管理者，最后依旧需要其他人的干预和控制。爸爸妈妈必须要知道，让孩子做自己情绪的管理者而不是监控者非常重要。要想让孩子发生改变，前提往往都是爸爸妈妈要率先做出改变。

在从教近30年近距离接触的近3000个家庭中，我没有见过任何一个氛围比较极端的家庭中能走出一个情绪管理能力正常、日常情绪良好稳定的孩子。孩子在成长的过程中，习得的情绪表达和处理方式都来源于对家长的模仿。如果家庭氛围不够和谐，爸爸妈妈的情绪不够稳定，孩子往往会往两个极端方向发展：要么不管别人的感受，只顾直接表达自己的情绪（喜欢哭闹打滚，容易被激怒）；要么干脆把自己的情绪完全隐藏，不向旁人表达（什么都不对别人说，容易抑郁）。要知道，情绪管理有一个至关重要的前提——

有一个良好稳定的家庭情绪环境。

任何一种情绪管理的方法，都不及家庭情绪环境的影响。

爸爸妈妈也许有很好的学习习惯，会去搜集各种教育方法、教育手段，然后一股脑儿用在自家孩子身上，最后却发现，诸多别人用过的好方法在自家孩子身上完全不起作用或收效甚微。爸爸妈妈要维系家庭与工作的正常运转已是不易，还会面临"自己这么努力，费了这么多心血，孩子却完全不领情"的困境。不知不觉中，爸爸妈妈就变得越来越焦虑，越来越急躁了。如果父母的"情绪河道"越来越窄浅，能接受的情绪刺激界限逐渐降低，就极有可能在一番挣扎后选择放弃努力，任孩子自由发展。

在教育孩子如何管理情绪之前，请父母先让自己放松，把自己的情绪管理妥当，创造一个良好稳定的家庭情绪环境，做孩子的好榜样，用自己的言行去影响孩子，再加上合适的方法，才能够事半功倍。

培养3~12岁孩子的情绪管理能力通常包含两个方面的内容。

1. 帮助孩子识别自己的情绪，让孩子逐步拥有情绪识别的能力。

2. 教会孩子以适当的方式表达情绪，让孩子逐步拥有正确表达情绪的能力。

孩子进入青春期及成年后，情绪管理的内容还应包括自我疏解和自我调节。

全彩图解
儿童感觉统合与功能性训练游戏

如果到那时，孩子已经能够正确识别自己和他人的情绪，并且会选择以适当的方式表达，遇到困难和压力时就更容易学会进行正确的自我疏解和自我调节。

3岁开始，孩子首先需要学会识别自己的情绪，才能谈到后续的表达和控制。情绪是抽象的东西，孩子最初对情绪的认识水平并不高。大多数时候，他们只知道几种单一情绪，如开心、愤怒；对于较为复杂的情绪，如"被误解引起的愤怒""嫉妒引起的愤怒"这样连锁引发的情绪，或是"难过""痛苦""宽慰""欣喜"等，是很难识别和描述的。

前面提到的孩子大哭大闹、扔东西等行为的表象背后，往往就是很多种孩子难以表述的情绪，例如："难堪""焦虑""失望""期望没有被满足""委屈"等。处在类似情境中的孩子，并不知道自己该如何去面对或处理自己的情绪，只好通过最原始的方式来表达。如果爸爸妈妈当时只是简单地批评或者纠正孩子的行为，而没有看到孩子行为背后的情绪，教育效果就很难令人满意。

我们来看一个案例。

彤彤、姗姗、昊昊3个孩子在一起玩，昊昊从背后用力拍了其他2个女孩子的头。彤彤"哇"的一声就哭了，边哭边骂。姗姗一边骂一边打昊昊。彤彤也加入了，3个孩子打成一团。

昊昊妈妈、彤彤妈妈和姗姗妈妈闻声赶过来，拉开了3个孩子。彤彤妈妈批评彤彤："怎么打人呢？教过你很多次了，打人骂人是不对的，怎么又忘了？"彤彤哭得更大声了，边哭边说："他先打我们的！我就要打！就要打！"还挣扎着要继续去打昊昊。

昊昊妈妈听到彤彤的话，严厉地批评昊昊："你怎么可以打人！快去给别人道歉！"被彤彤和姗姗打得有些蒙的昊昊哭了："我没有打她们！是她们突然就莫名其妙打我的！"

姗姗妈妈走过去，蹲下来面对姗姗，轻轻拉住姗姗的双手，温柔平静地问她："妈妈看到你不开心，发生了什么事？" 姗姗生气地把事情的经过说完后，妈妈拉着她在花台边坐下来，继续问："昊昊刚才拍了你的头，把你拍疼了。这个动作让你觉得他在打你，所以你很生气对不对？"

说到"拍疼了"的时候，妈妈轻轻摸了摸姗姗的头。姗姗的表情轻松了很多，点点头。妈妈又问："你觉得昊昊真是要打你们吗？"姗姗认真想想："我觉得好像不是。昊昊可能是想和我们玩，就是拍得太重了，我才觉得他在打我们。"

姗姗开始扭手指，感到有一点点内疚。

"如果下次他又这样，你觉得怎么做会比骂人打人更好呢？"

"我可以告诉昊昊，你拍得太重了，把我打痛了，你要给我道歉，下次不许再拍我的头。"

妈妈最后说："你现在就可以去告诉昊昊，这样下次他可能就不会拍你了哦。如果下次他忘了，又拍了你，你还可以再提醒他。不过，你是不是也该跟昊昊再说点别的，关于你也骂了他打了他的事？"

姗姗点点头，从花台上跳下来，跑到还在哭的昊昊面前，先给昊昊道了歉，然后提出了自己的意见和要求。昊昊听完后逐渐止住了哭声，想了想也给彤彤和姗姗道了歉。3个孩子又一块儿玩去了。

在这个案例当中，一开始是昊昊的不当游戏行为让彤彤和姗姗觉得受到了侵犯，于是骂人打人。彤彤妈妈先批评孩子做得不对，再教育孩子生气骂人打人是不对的。彤彤觉得被误解，不但前面因被侵犯而引起的愤怒没得到消解，还增加了受委屈带来的愤怒。妈妈说"打人骂人是不对的"，彤彤一个字也不会记住，反而会哭闹得更加厉害。昊昊不知道自己的行为给小伙伴带来了侵犯感，只看到自己去找小伙伴玩，莫名其妙就被打了，后续的打架只是下意识反击，并不清楚被打的原因。妈妈的批评让昊昊产生了强烈的被误解感，非常委屈，所以也哭了。只有姗姗妈妈的举措起到了情绪管理教育的作用，所以姗姗的情绪很快稳定下来，并且开始学习反思。

让我们来看看姗姗妈妈是怎样做的。

1. 走过去，蹲下来面对姗姗，轻轻拉住姗姗的双手。（安抚情绪、中断孩子不正确的行为）

2. 温柔平静地问她："妈妈看到你不开心，发生了什么事？"（表达对孩子的关注，了解情况）

3. 拉着她在花台边坐下来，继续问："昊昊刚才拍了你的头，把你拍疼了。这个动作让你觉得他在打你，所以你很生气对不对？"（帮助孩子识别情绪）

4. 说到"拍疼了"的时候，妈妈轻轻摸了摸姗姗的头。（安抚孩子，表达对孩子的情绪的认同和接纳）

5. 妈妈又问："你觉得昊昊真是要打你们吗？""如果下次他又这样，你觉得怎么做会比骂人打人更好呢？"（引导孩子回顾事件，积极面对，学习正确的情绪表达方式）

6. "你现在就可以去告诉昊昊，这样下次他可能就不会拍你了哦。如果下次他忘了，又拍了你，你还可以再提醒他。不过，你是不是也该跟昊昊再说点别的，关于你也骂了他打了他的事？"（引导孩子学习反思，疏解孩子已经产生的情绪）

从姗姗妈妈的行为中，我们可以看出，正确的情绪管理教育包含以下几个步骤，且顺序不可以打乱。

第一步：了解完整的事件过程，从中看到孩子行为背后的情绪，并帮助孩子识别情绪的种类，了解自己为什么会产生这种情绪。

孩子的情绪来临时，最初的识别需要依赖爸爸妈妈的帮助。帮助孩子用语言表达自己的情绪感受，可以较快地让他从不安中平静下来。首先要让孩子知道，他的这种情绪感受是有定义的。有定义，就意味着有边界、可控且可处理。这样便于后续引导孩子从激烈的情绪体验转移到怎么解决问题的思考上来。

　　爸爸妈妈还可以多用一些形象化的描述，比如"刚才你的脸都红了、拳头捏得紧紧的，这就表示你生气了"，帮助孩子更清晰地认识各种情绪的名称与自己的外在表现。如果爸爸妈妈每次都把新的情绪种类教给孩子，他以后能自我识别的情绪种类就越多，也就越能清晰地表达情绪。这就是学习自我处理情绪的开端，对孩子的成长尤其重要。

　　第二步：接纳和认同孩子的情绪，让孩子感受到自己的情绪是合理的。

　　让我们来模拟一个场景。

　　孩子做了过分的事，妈妈控制不住情绪，打骂了孩子，生完气后看着正在哭的孩子，觉得内疚难过，对不起孩子。

　　这时候，家里的长辈用以下两种不同的方式来对待内疚的妈妈。

　　1.温和地对妈妈说："不管换成谁，面临同样的问题都很难忍住不发火，你发脾气是正常的。"然后拉着孩子一起坐在妈妈旁边，再劝她下次忍一忍，孩子需要慢慢教。

　　2.严厉地批评妈妈："你发这么大脾气干什么？孩子这么小，有什么话不能好好说？动不动就打骂，你小时候比他还淘气！"然后把孩子带走，留下妈妈一人。

　　两种方式，哪一种会让这个妈妈更容易接受呢？

　　大家心里想必已有答案了吧。我们可以从这个场景中看到，习惯了隐忍的成年人都有情绪激烈爆发的时候，孩子就更会了。要知道，许多孩子都是用自己的情绪来直接面对这个世界的。当一个孩子正处在情绪爆发的高峰期时，谁给他讲道理他都听不进去。不过，不要觉得孩子这时候不讲理。大多数时候，孩子只是需要父母理解他的情绪，得到理解后，原先困扰他的问题可能就不再困扰他。不管孩子出现了怎样的情绪，爸爸妈妈都要第一时间告诉孩子，他的这种情绪是很常见的，每个人都可能会出现，这种情绪本身没有错。父母的接纳与认同会让孩子感受到自己情绪的合理性，从而解除情绪困扰，平静下来。等孩子平静下来，

才听得进道理。

第三步：帮助孩子学习怎样正确地表达自己的情绪。

确认和认同孩子的情绪，能让孩子明白不管他正在体验的情绪是哪一种，爸爸妈妈都能理解和接纳。虽然情绪没有好坏之分，表达情绪的行为却是有好坏的。爸爸妈妈对孩子的无条件接纳仅仅是应该无条件接纳孩子的情绪感受，而不包括孩子没有规则意识的错误行为方式。常见的"无法无天的'熊孩子'"背后，很多都是爸爸妈妈"无条件接纳"过了头，不仅接纳了孩子的情绪，还接纳了孩子没有规则意识的错误行为方式。哪些行为方式是正确的，哪些是错误的，需要爸爸妈妈帮助孩子明确行为界限。

要让孩子明白，正确的情绪表达方式有很多种，但是所有的方式都必须遵循以下3个原则：

1. 不影响他人；

2. 不伤害自己；

3. 不损坏财物。

在让孩子遵循上述原则的基础上，再引导孩子思考：自己更喜欢什么样的表达方式，什么样的表达方式更能达到自己想要的效果。要让孩子知道，能正确表达情绪，才能与别人正常沟通，才能够一起想办法去解决问题。对于7岁以下的孩子来说，很多时候，能准确地表达情绪就已经足够。

第四步：启发孩子独立思考，通过解决问题来疏解孩子已经积累起来的情绪。

很多时候，只要爸爸妈妈对孩子的情绪表示接纳、理解和认同，孩子就能很快平静下来。不过，有时候仅仅认同情绪并不够，问题还得不到解决。例如前述案例中，姗姗冷静下来后，意识到了自己的错误，又产生了内疚的情绪，其他两个孩子却还在生气。这时，爸爸妈妈就需要启发孩子去思考怎样才能真正地解决问题。

需要提醒爸爸妈妈注意以下几项。

1. 多陪伴，少干涉。

孩子要学会正确管理情绪，需要时间和经验的积累。在这个过程中，不管孩子选择用什么方式来表达自己的情绪，都请尽量不要在孩子正在表达的时候去干涉或者制止，除非是恶性事件（例如攻击他人或自己）。等到孩子表达完毕，平静下来以后，再和孩子一起回顾分析，看看使用这种表达方式的利弊。如果爸爸妈妈中途不管住自己的手和嘴，总是干涉或制止，渐渐地，就会被孩子放到对立面，甚至成为孩子愤怒时的假想敌。到那时，孩子怎么可能再和爸爸妈妈配合，和爸爸妈妈坦诚交流呢？

2. 让孩子痛快地哭一场。

如果孩子确实特别伤心，选择了哭，那就要让孩子痛痛快快地哭一场。哭和笑一样，是人类遇到情绪问题时的自然反应，本身并不是问题。只要不超过15分钟，爸爸妈妈都只需要心平气和地抱着他，温柔地抚摸或轻轻拍打他。做到这一点并不容易。通常情况下，父母听到孩子哭都会担心和心疼，会希望孩子说出原因并且尽快停止哭泣。可是，如果孩子一直哭，什么都不愿意说，这种担心就很容易变为烦躁。尤其是当爸爸妈妈自己也遇到难题，情绪本就不太好时，听到孩子一直哭还要保持心平气和就太难了。但这时候爸爸妈妈如果反馈给孩子的是"烦躁"的情绪，要他止住哭声就更难了，孩子只会把自己的难过继续放大。遇到这样的情况，请爸爸妈妈再努力一下，务必先让自己平静下来，再对孩子耐心安抚。要知道，成年人控制情绪的能力总是比孩子强很多呢。还有，不要用"不哭不哭，男孩子就应该勇敢哦""哎呀，哭又解决不了问题，别哭了"这类话来哄孩子。这类话会让孩子从小建立一个"哭是不对的"的概念，产生对"哭"的排

斥。实际上，对于孩子而言，"哭"是帮助他缓解压力的一种很重要的情绪表达方式。

　　本章介绍了一些能教会3~12岁的孩子识别情绪、正确表达情绪和管理情绪的游戏，供面对情绪失控的孩子束手无策的爸爸妈妈参考。不管用哪种方法，请让孩子选择自己喜欢的方式。学会正确管理情绪需要漫长的时间，不是几天、几个月、一两年就能见到明显效果的。爸爸妈妈和孩子都需要在不断的挫折中努力坚持。一个游戏，如果孩子玩了一段时间后失去兴趣也没关系，再换一个同类型的游戏就好。很多游戏都专门提示需要在安静的室内玩，是因为安静的环境可以让孩子的注意力更集中，能更好地回顾或体验情绪产生的过程。

1. 情绪标记

能做出正确的情绪标记，体会到各种情绪对应的自我感受是孩子做好自我情绪管理的基础。这个游戏通过给词语画笑脸和哭脸的符号，并且做出对应的表情与动作，来帮助孩子给情绪做标记，进而理解和感知各种情绪。3~8岁的孩子从任何时间开始玩都可以。

游戏准备

❶ **训练重点**：模仿、体验各种情绪。

❷ **游戏场地**：室内、室外皆可。

❸ **道具**：写有表示各种情绪的词语卡片、笔。

怎么玩

❶ 准备好写有各种表示情绪的词语卡片。

以下示例供参考：

惊讶、兴奋、自信、无聊、烦人、害羞、高兴、沮丧、震惊、泄气、愤怒、骄傲、期待、迷惑、怀疑、漠不关心、意志消沉、歇斯底里、自鸣得意、豪情万丈……

惊讶	伤心	高兴	沮丧	愤怒	骄傲

❷ 将卡片写有字的一面朝下，打乱顺序，让孩子任意抽取一张。

❸ 让孩子读出卡片上的词语，并根据自己的理解给这种情绪画上笑脸或哭脸符号。

❹ 画好符号后，爸爸妈妈带着孩子一起模仿这种情绪，做出对应的表情与动作。

注意事项 卡片上写的情绪词语要根据孩子的年龄来定，3~5岁的孩子可先从体会高兴、伤心这类简单的、区别更明显的情绪开始；6~8岁的孩子则可尝试区分和体验有细微差别的情绪。如果卡片上写出的情绪词语孩子不理解，父母可以给孩子预设一个场景，帮助孩子感受。

2. 猜猜我的情绪

　　这个游戏需要孩子用不同的情绪来说同一句话，还要让对方能够猜出是哪种情绪。在表演过程中，孩子能够把不同的情绪和对应的生活场景联系起来，学习相关的情绪识别途径。而父母的反馈就像镜子，可以让孩子再次强化对这种情绪的体验和识别。这个游戏对语言表达能力有一定要求，所以一般建议6~9岁的孩子玩，语言表达能力特别优秀的4~5岁孩子也可以试试看。

游戏准备

❶ **训练重点**：用不同的情绪来说同一句话。

❷ **游戏场地**：室内、室外皆可。

❸ **道具**：写有各种情绪词语和生活场景短句子的卡片。

怎么玩

❶ 准备8张词卡，分别写上"紧张、伤心、愤怒、兴奋、暗自开心、惊恐、失望、不耐烦"；再准备8张短句卡，分别写上不同的短句子，例如，"我要去上学了。""小狗把我的拖鞋叼走了。"……

词　卡　(8张)

| 紧张 | 伤心 | 愤怒 | 兴奋 | 暗自开心 | 惊恐 | 失望 | 不耐烦 |

短句卡 (8张)

我要去上学了。	小狗把我的拖鞋叼走了。	公交车来了。	妈妈在做饭。	爸爸回来了。	今天小明抢了我的笔。	小猫不见了。	我收到了一件礼物。

❷ 将词卡和短句卡有字的一面朝下，放在桌子上。孩子站在桌子面前，大人站在离桌子有一段距离的地方。

❸ 孩子任意翻开一张词卡和一张短句卡，带着词卡上的词语描述的情绪把短句卡上的短句说给爸爸妈妈听。

❹ 大人根据孩子的表演，猜孩子抽到的词卡上写的是哪种情绪。

如果猜对，就照着孩子的样子表演一次，进入下一轮；

如果猜错，孩子需要再次表演，直到大人猜对为止。

兴奋

我收到了一件礼物。

注意事项 当孩子熟练掌握词卡上描述的8种情绪后，可以换一批词语。同样，短句卡上的句子也可以随时更换。从孩子平时习惯说的句子开始，孩子会完成得更好。如果孩子提出自己来写短句卡上的句子，那是非常大的进步，爸爸妈妈帮助检查语法和逻辑错误就好。

3. 大风吹

　　这是一个关于情绪识别的游戏。在这个游戏中，一家人会一起谈论当天发生的事件与各自的心情。分享彼此的喜怒哀乐不仅可以让孩子及时识别自己的情绪，还可以让孩子学习关注身边的人，识别他人的情绪。这个游戏对于一些平时只关注自己，不容易体谅别人的孩子尤其有好处，建议孩子在3~5岁时多玩。营造出良好的家庭氛围和养成坦诚表达自我的习惯后，孩子和爸爸妈妈即便不用游戏作为引入方式也可以顺畅交流。

游戏准备

❶ **训练重点**：说出今天发生的，引起自己某种情绪的事情。

❷ **游戏场地**：安静的室内。

❸ **道具**：舒服的沙发或者垫子。

怎么玩

❶ 爸爸妈妈和孩子一起，坐在舒服的沙发或者垫子上。

❷ 玩"石头剪子布"，胜出的人负责发号施令。指令可以为："大风吹，大风吹，吹今天哭了的人……（吹今天发了脾气的人，吹今天生气了耍赖的人，吹今天开心得哈哈笑的人）。"

❸ 符合这个指令的人向其他人按照以下格式分享自己当天相关的事情：

A.这件事的起因、经过、结果；

B.自己当时的心情和想法；

C.现在自己怎么看待这件事。

 注意事项 ▶ 玩这个游戏时，请爸爸妈妈不要打断和评判孩子的表述，只需要聆听和适当引导孩子思考自己的行为对其他人的影响。爸爸妈妈要是可以放下"面子观念"，自己先做到坦诚地表达情绪，正确地处理情绪，孩子就有了可以模仿的好榜样。

4. 情绪盒子

　　这个游戏是让孩子每天在睡前梳理一次自己的情绪，一周进行一次归纳总结。这样可以让不爱说话的孩子顺利讲出让自己开心和不开心的事，不仅能帮助孩子疏解情绪，也可以让爸爸妈妈知道孩子的想法和问题，及时沟通，一起讨论解决方法。每周有序地进行情绪的归纳整理也有助于孩子养成自我分析、自我调整的好习惯。爱哭、内向、敏感型的孩子，可以从4岁左右开始玩这个游戏。大大咧咧、外向、话特别多、什么都说的孩子，6岁以后再玩比较好。通常，过了10岁，有的孩子就不会再玩这个游戏了。还有的孩子虽然很喜欢这个游戏，但会把和父母交流的过程变成自己统计、反思的过程。爸爸妈妈顺其自然就好。

游戏准备

❶ **训练重点**：说出当天让自己开心或不开心的事。

❷ **游戏场地**：安静的室内。

❸ **道具**：2个没有盖的纸盒子（一个贴上笑脸娃娃，表示开心；另一个贴上哭脸娃娃，表示不开心），乒乓球若干。

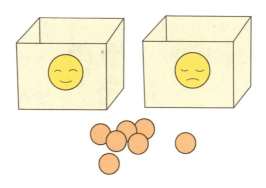

怎么玩

❶ 把2个情绪盒子放在孩子的书桌上。

❷ 每天晚上睡觉前，让孩子想一想自己今天遇到的事情和自己的心情，再根据心情把1个乒乓球扔进对应的情绪盒子里。如果既有开心又有不开心的体验，就让孩子往2个盒子里各扔1个乒乓球。

❸ 爸爸妈妈根据孩子扔乒乓球的情况进行引导提问，让孩子讲述事件。

例如：

"看来你今天遇到了开心的事情哦，和爸爸妈妈分享一下好吗？"

"你今天好像不太开心，遇到了什么问题呢？让我们一起来想想办法好吗？"

……

❹ 孩子说完后，爸爸妈妈帮助孩子用
简单的词句对事件做一个记录，把
记录单贴在乒乓球上，再次放回情
绪盒子。

1 周后

❺ 每周对2个情绪盒子中的乒乓球
和记录单进行一次整理，统计
孩子开心与不开心的事件与次
数，带着孩子进行一次事件回
顾和情绪分析。

❻ 第二周重新开始记录。

注意事项 在睡前轻松舒适的环境和氛围中玩这个游戏，有利于孩子放松，更容
易讲出遇到的事和心情。如果孩子遇到的是开心的事，爸爸妈妈陪着
孩子一起开心，分享快乐即可。如果孩子遇到的是不开心的事，爸爸
妈妈要及时帮助孩子寻找解决方法，疏解情绪。一定不可以简单地批
评说教，要引导孩子自己去反思。每周最好能够在固定时间进行整
理，比如每周日的晚上。

5. 情绪罐子 5岁及以上

这是一个适合孩子生气时玩的情绪管理游戏。通过观看罐子里的茶叶慢慢沉降的过程，给孩子一个冷静期，让孩子了解自己当时的心情也是如此混乱。在等待茶叶沉降的时间里，孩子会慢慢平静，这时候再来进行事件的反思和情绪的疏解，会有更多的收获。从5岁开始，孩子就可以玩这个游戏了。有的孩子到了7~8岁已经可以很好地自我调节情绪，就没有必要再玩。而有的孩子始终像一座容易爆发的火山，可能需要玩到10岁以上。

游戏准备

❶ 训练重点：将情绪形象地表现出来，再慢慢平静。

❷ 游戏场地：安静的室内。

❸ 道具：1个透明的带盖玻璃罐子，热水，茶叶。

怎么玩

❶ 察觉到孩子在生气时，拿出一个透明的带盖玻璃罐子，邀请孩子与自己坐在一起玩游戏。

❷ 当着孩子的面将热水和茶叶放入罐子，摇晃均匀，让茶叶在罐子里翻腾。

❸ 将罐子拿给孩子看，并询问现在他的情绪是不是和这个罐子里的茶叶一样混乱翻腾。请他一起来看看罐子里面接着会有什么变化。

❹ 陪孩子看罐子中的茶叶慢慢沉降。

❺ 待所有的茶叶沉降之后，再和孩子就刚刚引起他生气的事情进行讨论和处理。

注意事项 用开水冲泡茶叶，让茶叶翻腾起来的画面很美丽，也很适合帮助孩子放松。由于是当着孩子的面冲泡，要特别小心不要烫伤孩子。如果是和5~6岁的孩子玩这个游戏，推荐把开水冲泡茶叶换成凉水冲开半罐子的各色小亮片，亮闪闪的效果更容易使孩子把注意力转移到罐子上来。

6. 蝴蝶飞飞

　　这也是一个情绪管理游戏。成年人在意识到自己不冷静的时候，通常会先深呼吸调整心情，再开始处理问题。这个方法同样适用于孩子，只是对于年龄较小的孩子来说，很难让他们在生气的时候还老实地跟着爸爸妈妈做普通的深呼吸，所以有了这种模仿蝴蝶的升级版深呼吸游戏。这个游戏适合2~4岁的孩子在生气的时候玩。

游戏准备

❶ **训练重点**：模仿蝴蝶飞行，做深呼吸练习。

❷ **游戏场地**：室内、室外皆可。

❸ **道具**：无。

怎么玩

❶ 察觉到孩子在生气时，对他说："我知道你现在很生气（难受）。你的……（描述孩子当时的一个特征，比如皱着眉头）你看上去就像一只生气的蝴蝶。"

❷ 问孩子："蝴蝶生气的时候会怎么办呢？"引导孩子说出蝴蝶会到处飞。

❸ 带着孩子一起，用双手模拟翅膀，上下挥舞着飞来飞去。一边挥舞，一边有意识地引导孩子配合手的动作做深呼吸练习。很快，孩子就会平静下来。

❹ 等孩子平静下来，再和孩子进行相应事件和心情的讨论与分析，解决问题。

注意事项

这个游戏重在引导孩子在模仿过程中不知不觉地做深呼吸练习。除了模仿蝴蝶飞之外，模仿别的东西也可以，比如胀鼓鼓的气球、气呼呼的小汽车、风中的大树……孩子当时喜欢什么，就可以模仿什么。

7. "生气"的飞机飞走了

这个游戏是让还不太能准确表达自己情绪的3~6岁的孩子把自己的"生气"画出来并折成纸飞机，然后让"生气"的飞机飞走，通常运用在孩子生气了，爸爸妈妈给了拥抱和安抚之后，是一种健康的情绪表达方式。情绪宣泄后的孩子更容易平静，这时候再来讲道理，他们接受起来也更快。

游戏准备

❶ **训练重点**：用画画的方式表达自己的情绪。

❷ **游戏场地**：室内、室外皆可。

❸ **道具**：白纸、画笔。

怎么玩

❶ 孩子生气的时候，递给他白纸和画笔，平静地说："我知道你在生气。看，你的……（描述孩子当时的一个特征）来，把你的气画到这张纸上。"

> 我知道你在生气。看，你的小脸蛋都气红了。来，把你的气画到这张纸上。

❷ 孩子画完第一张后，对他说："原来你的气有这么多啊？都跑到纸上来了吗？"如果孩子说还有气，就再给他一张白纸让他继续画。每张纸画完后都问一下，直到孩子说已经没有生气了。

全彩图解
儿童感觉统合与功能性训练游戏

❸ 让孩子把所有画过的纸折成纸飞机。

❹ 带着孩子去室外，让孩子放飞这些纸飞机，边放边说："我的气飞走啦！"

❺ 全部飞完后，让孩子捡回纸飞机，扔进垃圾桶。这时候孩子已经平静，再和孩子讨论并处理刚才的情绪问题。

注意事项 给孩子纸笔，让孩子画出情绪的时候，爸爸妈妈一定要保持平静，语气也要足够温和。要与平时和孩子说话一样，不能让孩子感觉到爸爸妈妈在生气或在刻意讨好他。

8. 吹气球

　　吹气球和画画一样，也是一个帮助孩子把看不见的抽象化情绪具象化，变成能直观看见的东西，再释放掉的过程。在吹气球的过程中，孩子会不知不觉进行深呼吸，慢慢平静下来。由于会把气球吹爆，太小的孩子可能会受到惊吓。这个游戏更适合8~12岁的孩子，尤其是胆大的孩子玩。

 游戏准备

❶ **训练重点**：吹爆气球。

❷ **游戏场地**：室内、室外皆可。

❸ **道具**：气球。

怎么玩

❶ 孩子生气时，递给他一个气球，平静地说："我知道你在生气。看，你的……（描述孩子当时的一个特征）来，把你的气都吹到气球里，把它吹爆。"

❷ 孩子吹爆2~3个气球后，问孩子："原来你的气有这么多啊？都放完了吗？"如果孩子说还有气，就再给他一个气球。

❸ 通常，吹爆2~3个气球后，孩子就完全平静下来了。这时候再和孩子讨论并处理刚才的情绪问题。

注意事项

气球要选小号的，比较薄的，这样更容易吹爆。在吹的过程中，爸爸妈妈一定要在旁边看护，防止爆裂的气球皮伤到孩子的眼睛。如果孩子胆子比较小，建议将吹爆气球换成反复吹熄一排点燃的蜡烛，效果也不错。

9. 枕头大战

不爱说话，遇事总是生闷气的孩子比容易发怒的孩子更需要学习正确的情绪表达方式。压抑自己的情绪会给孩子带来巨大的身体和心理的双重伤害。发现孩子有不开心、郁闷等情绪时，有必要邀请孩子来玩一些有打闹性质的游戏，帮助他们宣泄情绪。这个游戏适合4岁及以上的内向型孩子。如果让易怒的孩子玩，场面可能会不好控制。

游戏准备

① **训练重点**：用枕头互相击打。

② **游戏场地**：室内。

③ **道具**：3个松软的大枕头。

怎么玩

① 设定游戏规则：不可以打头，先打中对方10次就算赢。

② 一人拿1个枕头，开始互相击打。

③ 如果孩子胜出，爸爸妈妈可以表演夸张地倒地，把孩子逗笑。

④ 等孩子玩得筋疲力尽了，带着孩子一起收拾现场。

⑤ 和孩子一起坐下来，按照情绪管理的原则和步骤引导孩子说出游戏前情绪不好的原因。如果孩子依然不愿意说，爸爸妈妈可以告诉孩子："不愿意说也没关系。下次遇到类似的让你不开心的事，可以来找爸爸妈妈，我们一起再来玩枕头大战。"

注意事项

硬邦邦的沙发靠垫会打疼孩子，引发孩子的抵触情绪，所以千万不要用，要用又大又松软的枕头。如果枕头有拉链，需要把有拉链的一端攥在手里，避免伤到对方。爸爸妈妈要注意根据孩子的表现随时调节自己的力度。

10. 有怪兽

　　众所周知，运动有利于疏解情绪、缓解压力，但要让正处在情绪爆发期的孩子去跑步基本不现实。这个游戏能让孩子在室外情绪爆发的时候跑动起来，帮助他顺利度过情绪爆发期。不过，这个游戏对孩子的身高、力气都有一定要求，还要便于爸爸妈妈控制，更适合3~8岁的孩子。

游戏准备

❶ **训练重点**：跑起来，并且摆脱爸爸妈妈的控制。

❷ **游戏场地**：室外。

❸ **道具**：无。

怎么玩

❶ 划定一个区域作为游戏范围，在这个区域内设定一条孩子循环跑的路线。

❷ 爸爸妈妈在孩子循环跑的路线上选择一个固定地点藏匿，比如大树后面、花台后面。

❸ 每当孩子跑过爸爸妈妈藏匿的地点时，爸爸妈妈都要想方设法阻拦孩子，方式越有趣越好。比如模仿大熊抱孩子、模仿猴子拦住孩子的去路……最后都要让孩子用力挣脱。

❹ 等到孩子筋疲力尽了，再和孩子一起讨论游戏之前发生的情绪问题。

 注意事项　大人阻拦孩子的力度要控制好，不能太大，阻拦方式也要多变。要让孩子对大人会怎样来抓住自己产生足够的好奇心，同时又确信不管大人用什么方式，自己都可以跑掉。只有这样，孩子才会心甘情愿一圈又一圈地跑下去。